ANÁLISIS DE VARIANZA CON MEDIDAS REPETIDAS

M. CARMEN XIMÉNEZ y RAFAEL SAN MARTÍN

ANÁLISIS DE VARIANZA CON MEDIDAS REPETIDAS

editorial
LA MURALLA, S.A.

HESPÉRIDES

Cuadernos de Estadística
Dirección: Ramón Ardanuy Albajar
Juan Etxeberria Murgiondo
Gregorio Rodríguez Gómez
Francisco J. Tejedor Tejedor

Constancia, 33. 28002 Madrid
c/ Bolivia, 8. Pol. Los Villares.
37184 Villares de la Reina (Salamanca)

ISBN: 84-7133-697-9
Depósito Legal: M.16528-2000
Printed in Spain - Impreso por Ibérica Grafic, S. A. (Madrid)

ÍNDICE

1
INTRODUCCIÓN GENERAL

En este monográfico se expone el fundamento, procedimiento y supuestos en que se basan los modelos de análisis de varianza (o ANOVA) de medidas repetidas de uno y dos factores y las ventajas e inconvenientes de su uso frente a otras técnicas de análisis de datos. En un modelo de análisis de varianza completamente aleatorizado los sujetos son asignados a los diferentes tratamientos al azar y posteriormente se evalúan sus efectos sobre una variable dependiente; de modo que cada tratamiento recibe un grupo diferente de sujetos. En los modelos de ANOVA con medidas repetidas la idea es la misma; la diferencia es que a un mismo grupo de sujetos puede asignársele más de un tratamiento. Por ejemplo, supóngase que un psicólogo especialista en investigación de mercados pretende estudiar la respuesta afectiva de los sujetos hacia un perfume con cuatro grados distintos de concentración en sus componentes aromáticos con el fin de orientar una campaña publicitaria en la que está trabajando. Si sigue el enfoque completamente aleatorizado, tendrá que asignar un grupo de, por ejemplo, 20 sujetos a cada uno de los tratamientos, por lo que necesitará 80 sujetos en total y su modelo incluirá un *factor inter-sujetos*. Otra alternativa es emplear sólo 20 sujetos y administrar cada uno de los tratamientos a todos ellos, con lo que el tamaño de la muestra necesario será notablemente menor y el modelo incluiría un *factor intra-sujetos*.

Pese a que el modelo de ANOVA completamente aleatorizado constituye uno de los enfoques más extendidos en la investigación empírica, el de las medidas repetidas recibe cada vez más atención en la investigación psicológica y de las ciencias sociales y de la salud, y constituye una alternativa válida y en algunos casos más adecuada que la primera (Kirk, 1982; Winer, 1971). Valga como ejemplo el hecho de que está recibiendo un tratamiento independiente como técnica de análisis en publicaciones recientes (p.e. Arnau, 1995; Crowder y Hand, 1990; Girden, 1992; Hand y Taylor, 1987; Vallejo, 1991).

Las medidas repetidas pueden emplearse con diferentes objetivos y funciones. Según Maxwell y Delaney (1990) se resumen en tres:

1. Evaluación longitudinal del cambio a lo largo del tiempo.
2. Evaluación de la actuación de los sujetos bajo diferentes condiciones experimentales en estudios transversales cuando se cuenta con muestras reducidas de sujetos.
3. Comparación de las puntuaciones obtenidas por los mismos sujetos en diferentes pruebas psicométricas.

Los estudios que emplean medidas repetidas pueden reflejar distintas situaciones y diseños experimentales. Como Pascual, Frías y García (1996) recogen en su manual, en su versión más simple se caracterizan por incluir varios sujetos u observaciones por unidad experimental, cada una de las cuales ha sido obtenida bajo un tratamiento o condición. Este tipo de situación refleja un diseño de tipo sujetos x tratamientos que configura un *diseño de medidas totalmente repetidas* (Lee, 1975), también llamado diseño intra-sujetos (Keppel, 1982). Sin embargo, puede ocurrir que además del factor de medidas repetidas, el diseño incluya una o más variables independientes de naturaleza inter-sujetos. En tal caso se trata de un *diseño de medidas parcialmente repetidas* (Lee, 1975); también conocido como *diseño factorial mixto* (Winer, 1971), *diseño split-plot* (Arnau, 1995; Kirk, 1982), *diseño intra-grupos* x *tratamiento* (Arnau, 1990a) o *diseño de medidas repetidas de muestra dividida* (Vallejo, 1991).

Los diseños de medidas repetidas se han aplicado en casi todas las áreas de investigación de las ciencias sociales y del comportamiento. Por ejemplo en psicología, medicina, educación, sociología, ciencias políticas, economía y empresa. Veamos algún ejemplo:

1. En un estudio de Cohen y Riel (1989) se analizó el estilo de escritura de los estudiantes, encontrándose que éste mejoraba en situaciones en que el sujeto escribía para una audiencia desconocida y empeoraba cuando sabía que iba a ser evaluado por un profesor y determinaría su calificación. Llevaron a cabo un estudio en el que pidieron a un grupo de estudiantes que primero escribieran un ensayo sobre un tema sabiendo que éste determinaría su calificación en un examen y más tarde que escribieran otro ensayo sobre el mismo tema para enviarlo a un colegio de otro país. Otro grupo siguió el

procedimiento contrario. Los datos se analizaron mediante un ANOVA de un factor con medidas repetidas.

2. Hirst (1988) estudió el grado en que los empleados se ven afectados cuando perciben que el trabajo que realizan no es intrínsecamente reforzante ni constituye un reto; y más concretamente los factores que mejoran esta motivación intrínseca. Se centró en dos factores: La complejidad del trabajo y el establecimiento de objetivos. Un grupo de adultos trabajaba en un objetivo razonable y otro en uno difícil y poco razonable. La mitad del grupo comenzaba con una tarea simple seguida de otra más difícil pero más desafiante. La otra mitad seguía el procedimiento inverso. Los datos se analizaron mediante un ANOVA de dos factores con medidas repetidas en uno de ellos (el factor de motivación intrínseca).
3. Cole, Vandercok y Rynders (1988) estudiaron las interacciones sociales entre niños con y sin discapacidad de una misma escuela. Para ello compararon dos programas facilitadores de la integración entre ambos. Emplearon dos muestras de sujetos: una de sujetos con discapacidad y otra sin discapacidad y les aplicaron cada uno de los programas en sesiones terapéuticas. Los datos se analizaron mediante un ANOVA de dos factores mixto: un factor con medidas repetidas (tipo de programa facilitador) y otro inter-sujetos (discapacidad).

Ventajas e inconvenientes

Las ventajas de evaluar a los mismos individuos en un mismo estudio son fundamentalmente tres. La principal, como ya se ha dicho, es que el número de sujetos requerido es mucho menor. Otra ventaja se refiere a que en este tipo de modelos la equivalencia previa de los sujetos en las medidas no constituye un problema. En el diseño que subyace al modelo de ANOVA completamente aleatorizado se evalúan diferentes grupos de sujetos, por lo que una de las principales consideraciones se refiere a la equivalencia de cada uno de los grupos con respecto a la variable dependiente; de forma que las diferencias post-test puedan atribuirse a las variables consideradas en el modelo. Esta equivalencia se asegura mediante la asign ción aleatoria de los sujetos a los grupos. En los diseños de medidas repetidas, el hecho de que se mida a los mismos individuos en diferentes condiciones experimentales o tratamientos constituye una garantía de dicha equivalencia. Asimismo, puesto que en estos diseños la técnica de bloqueo llega a su punto máximo al asignar un sujeto por cada bloque, la variabilidad atribuida a las diferencias individuales puede eliminarse del componente error (Winer, 1971). Finalmente, la tercera ventaja radica en su mayor potencia para detectar efectos experimentales que realmente no existen (Stevens, 1986). Dado que las diferencias entre los tratamientos son valoradas *dentro* de cada sujeto y no *entre* los grupos, la variabilidad atribuida a las diferencias individuales entre sujetos es eliminada del término error, con lo que aumenta la precisión y potencia de la prueba estadística (Maxwell y Delaney, 1990; Vallejo, 1991).

Sin embargo, los diseños que utilizan medidas repetidas también presentan inconvenientes que han de considerarse para evitar su uso incorrecto. Uno de ellos se refiere al orden o secuencia de administración de los tratamientos, los cuales pueden sesgar los resultados. Entre los métodos propuestos para neutralizar dichos efectos se encuentran 'las técnicas de contrabalanceo' (Underwood y Shaughnessy, 1978). Se trata de equilibrar el orden de administración de tratamientos o asignar aleatoriamente a cada sujeto la aplicación de los mismos. Con este procedimiento se controla otro de los inconvenientes de los diseños de medidas repetidas: los efectos de la práctica, del arrastre (o 'carry-over') y de la fatiga. Si solamente se sigue un único orden, la mejora en las puntuaciones puede atribuirse al tratamiento o al efecto de la práctica; y el empeoramiento al tratamiento o a la fatiga. Por último, los diseños intra-sujetos presentan el inconveniente de la violación de alguno de los supuestos de naturaleza estadística. Puesto que se emplean los mismos sujetos para todas las condiciones experimentales es probable que se produzca un efecto sistemático en las respuestas que de lugar a la aparición de correlación o dependencia entre los errores, lo que repercutiría gravemente en los resultados obtenidos ya que el estadístico F no es robusto ante observaciones correlacionadas (O'Brien y Kaiser, 1985).

En este monográfico se expone el fundamento teórico y matemático de los modelos de ANOVA con medidas repetidas, y el procedimiento, las técnicas estadísticas y condiciones de aplicación en que se basan. Se empieza por el modelo más simple, aquél que incluye un único factor. Más tarde se analizan los modelos con dos factores, los que tienen medidas repetidas en ambos y los que las presentan sólo en uno de los factores. Para cada uno de los modelos se comienza haciendo referencia al modelo lineal general que plantea, el tipo de datos que permite analizar, los supuestos estadísticos en los que se basa, las consecuencias de la violación de los mismos, y los estadísticos que utiliza. Como en otras monografías de esta colección, la explicación de cada uno de los modelos de medidas repetidas de uno y dos factores se acompaña con ejemplos resueltos tanto numéricamente como mediante soporte informático a través del programa SPSS 7.5. para Windows.

Nota del Editor: A lo largo de esta monografía se remite en distintas ocasiones a: R. Ardanuy y F. J. Tejedor: *Tablas Estadísticas*. Cuadernos de Estadística, Editorial La Muralla y Hespérides, Madrid-Salamanca. Está en prensa.

2

EL MODELO LINEAL GENERAL

Un modelo es una afirmación algebraica sobre cómo se relacionan dos o más variables. Existen diversos tipos de afirmaciones algebraicas pero la más sencilla y flexible es la del modelo lineal. Los modelos lineales tienen un papel esencial en los métodos estadísticos modernos. Por un lado, permiten la aproximación de la estructura de un amplio conjunto de datos métricos; y por otro, proporcionan el fundamento para otras técnicas de análisis utilizadas en la investigación. Por ejemplo, la del análisis de varianza, que plantea un modelo lineal en el que los efectos se conciben como desviaciones respecto a una media total.

Los modelos lineales establecen una hipótesis sobre la relación entre dos tipos de variables: las endógenas o dependientes (a las que nos referiremos como *Y*) y las exógenas o independientes (a las que nos referiremos como *X*). La *estructura* de la relación entre ambas constituye su forma funcional, que incluye la relación entre las principales variables, el tipo de distribución de probabilidad de las variables aleatorias y los parámetros de las ecuaciones del modelo. El modelo se construye para explicar los valores en *Y* dado que se conocen los valores en *X*. Esto requiere la especificación de la distribución de *Y* condicionada a *X*, estableciendo la relación estocástica entre *X* e *Y* a través de otro conjunto de variables aleatorias no observables que se denominan *error*.

En su expresión más simple el modelo lineal intenta describir el valor observado en una variable dependiente recurriendo a: 1) un conjunto de efectos atribuibles a factores tenidos en cuenta e incluidos explícitamente en el modelo; y 2) un conjunto de efectos atribuibles a factores no tenidos en cuenta. Sobre estos factores no tenidos en cuenta el investigador puede decidir ejercer algún tipo de control o no. Una forma de ejercer control sobre una variable es manteniéndola constante. Otra es empleando el mismo grupo de sujetos para todas las medidas. Sobre otras variables no se ejerce control, bien porque no se desea o porque no resulta posible hacerlo. Las variables no controladas son las responsables de la parte de la variable dependiente que no es capaz de describir el conjunto de variables controladas, y se utiliza el término *error* para designarlas.

Estas consideraciones dan pie para formular la estructura de los modelos lineales, según muestra la figura 1:

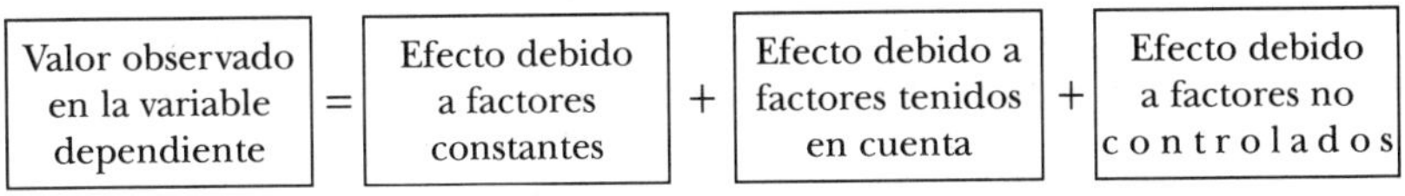

FIGURA 1. *Estructura básica de un modelo lineal.*

Veamos un ejemplo sobre la estructura de un modelo lineal: "De entre los muchos factores de los que parece depender el rendimiento en el trabajo, en un estudio concreto se está interesado en evaluar el efecto ejercido por dos variables: la competencia del sujeto y su nivel de satisfacción laboral". Si formulamos este ejemplo en términos de un modelo lineal (según la estructura de la figura 1) se obtiene como resultado lo propuesto en la figura 2:

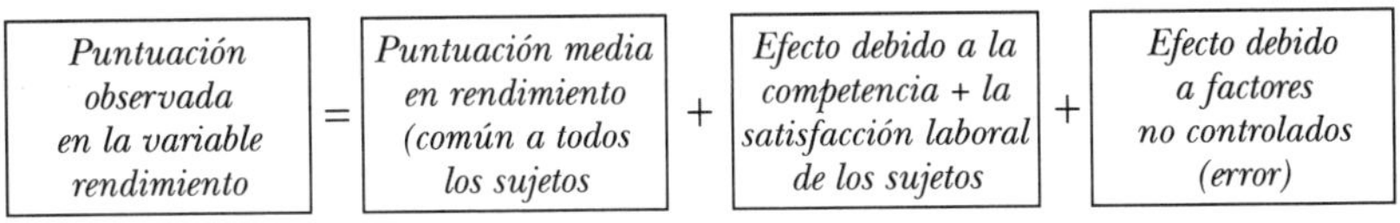

FIGURA 2. *Ejemplo de la estructura básica de un modelo lineal.*

Expresado matemáticamente, si consideramos que Y_i es la medida en la variable dependiente para el sujeto i, el modelo lineal descompone las puntuaciones en Y_i como el resultado de la suma ponderada de los siguientes componentes:

$$Y_i = \beta_0 X_{i0} + \beta_1 X_{i1} + \dots + \beta_j X_{ij} + \dots + \beta_J X_{iJ} + E_i \qquad (1)$$

Donde: X_{i0}, X_{i1}, X_{ij}, X_{iJ} son los diferentes J factores tenidos en cuenta en el modelo para explicar el comportamiento de la variable dependiente. β_1, β_j, β_J son los J parámetros fijos que se necesita estimar para decidir sobre la importancia de cada uno de los factores presentes en la ecuación. $\beta_0 X_{i0}$ representa el conjunto de efectos debidos a los factores mantenidos constantes (X_{i0} toma el valor 1 para todos los sujetos). E_i es el efecto debido al conjunto de factores no tenidos en cuenta y que se supone varían aleatoriamente con media 0 y varianza σ_e^2. Se denomina *errores aleatorios* y se asumen independientes y normalmente distribuidos. Según estas especificaciones, la media de Y_i es: $E(Y_i) = \beta_0 X_{i0} + \beta_1 X_{i1} + \ldots + \beta_j X_{ij} + \ldots + \beta_J X_{iJ}$ y la varianza: $Var(Y_i) = \sigma_e^2$.

El modelo lineal general, pese a su simplicidad, ha dado fundamento a la mayor parte de las técnicas de análisis de datos que se utilizan en la investigación empírica. Entre ellas se encuentran los modelos de análisis de varianza de medidas repetidas, cuya formulación matemática, como se verá más adelante, se basa en este modelo.

3

EL MODELO DE ANÁLISIS DE VARIANZA CON MEDIDAS REPETIDAS DE UN FACTOR

3.1. Introducción

El análisis de varianza es un procedimiento para aislar las principales fuentes de variabilidad de un conjunto de medidas. Se trata de averiguar por un lado, si el efecto de una o más variables independientes constituye el principal componente en la explicación de una variable dependiente; y por otro, la varianza error que queda sin explicar (Pardo y San Martín, 1999). En este monográfico nos centraremos en los modelos de ANOVA de medidas repetidas. En este tipo de modelos se controla el efecto debido a las diferencias entre los sujetos y en consecuencia una de las fuentes de la varianza error. De esta forma, la variación existente entre los distintos tratamientos considerados no queda obscurecida por los efectos atribuibles a las características personales de los sujetos.

Vamos a comenzar estudiando el modelo de ANOVA de medidas repetidas en el que sólo se considera una variable independiente (o factor) de efectos fijos con J niveles por los que pasan todos los sujetos de la muestra. Los diseños de medidas repetidas con una sola muestra también se conocen como 'diseños de medidas repetidas simples' o 'diseños de sujetos × tratamientos' y, como señala Bock (1975), coinciden con *el diseño de bloques aleatorizados.*

3.2. Estructura de los datos y notación

Nos encontramos ante una situación experimental en la que se extrae una muestra aleatoria simple de n sujetos a los que se les aplica cada uno de los J tratamientos establecidos por el investigador (*efectos fijos*). Es decir, todos y cada uno de los sujetos pasan por todos y cada uno de los niveles del factor y la muestra total (N) está compuesta por nJ sujetos. En la tabla 1 aparece la disposición de los datos y la notación utilizada para referirnos a ellos.

Los niveles del factor están representados por A_1, A_2, ..., A_j, ..., A_J; siendo su notación genérica A_j. Por tanto, j es el subíndice que utilizaremos para referirnos a cualquiera de los distintos niveles del factor (donde $j = 1, 2, \ldots J$). En el contexto de los diseños experimentales los A_j suelen recibir el nombre de tratamientos o condiciones experimentales.

Los sujetos están representados mediante P_1, P_2, ..., P_i, ..., P_n; siendo P_i la notación genérica para los mismos e i el subíndice que utilizaremos para referirnos a cualquiera de los sujetos de la muestra (donde $i = 1, 2, \ldots, n$).

Y_{ij} se refiere a la puntuación obtenida en la variable dependiente Y por el sujeto i en el nivel de tratamiento j. Por ejemplo Y_{21} representa la puntuación obtenida por el sujeto 2 en el tratamiento 1.

TABLA 1. *Estructura de los datos y notación en un diseño de un factor, de efectos fijos, con medidas repetidas.*

	Niveles del Factor							
Sujetos:	A_1	A_2	...	A_j	...	A_J	T_{i+}	$\overline{Y}_{i+}$
P_1	Y_{11}	Y_{12}	...	Y_{1j}	...	Y_{1J}	T_{1+}	$\overline{Y}_{1+}$
P_2	Y_{21}	Y_{22}	...	Y_{2j}	...	Y_{2J}	T_{2+}	$\overline{Y}_{2+}$
.	.	.	...	.	...	.	.	.
.	.	.	...	.	...	.	.	.
.	.	.	...	.	...	.	.	.
P_i	Y_{i1}	Y_{i2}	...	Y_{ij}	...	Y_{iJ}	T_{i+}	$\overline{Y}_{i+}$
.	.	.	...	.	...	.	.	.
.	.	.	...	.	...	.	.	.
.	.	.	...	.	...	.	.	.
P_n	Y_{n1}	Y_{n2}	...	Y_{nj}	...	Y_{nJ}	T_{n+}	$\overline{Y}_{n+}$
T_{+j}	T_{+1}	T_{+2}	...	T_{+j}	...	T_{+J}	T	
$\overline{Y}_{+j}$	$\overline{Y}_{+1}$	$\overline{Y}_{+2}$	...	$\overline{Y}_{+j}$	...	$\overline{Y}_{+J}$		$\overline{Y}$

T_{+j} y T_{i+} son los totales correspondientes a cada tratamiento y a cada sujeto, respectivamente. T_{+j} representa la suma de las puntuaciones obtenidas por *todos los sujetos* de la muestra en el tratamiento j (el signo + sustituye al subíndice i e indica que nos estamos refiriendo a todos los niveles de i). Por ejemplo, T_{+2} representa la suma de las puntuaciones de los sujetos en el tratamiento 2. Del mismo modo T_{i+} representa la suma de las puntuaciones del sujeto i en *todos los tratamientos* o niveles de j. La forma de obtener estos totales es la siguiente:

$$T_{+j} = \sum_i Y_{ij} \qquad\qquad T_{i+} = \sum_j Y_{ij}$$

$\overline{Y}_{+j}$ representa la media en uno cualquiera de los tratamientos o niveles del factor. De la misma forma $\overline{Y}_{i+}$ representa la media de las puntuaciones obtenidas por el sujeto i en los J tratamientos. La forma de obtener estos promedios es la siguiente:

$$\overline{Y}_{+j} = \frac{T_{+j}}{n} \qquad\qquad \overline{Y}_{i+} = \frac{T_{i+}}{J}$$

Finalmente, la media total ($\overline{Y}$) y la suma total de puntuaciones (T o T_{++}) se obtienen mediante:

$$T = \sum_i \sum_j Y_{ij} \qquad\qquad \overline{Y} = \frac{T}{N}$$

3.3. Modelo y supuestos

El modelo de ANOVA de un factor con medidas repetidas es una versión del modelo lineal general adaptado al caso en el que solamente hay una variable independiente o factor. Tal modelo describe la variable dependiente Y_{ij} a partir de los siguientes cuatro componentes:

$$Y_{ij} = \mu + \alpha_j + P_i + E_{ij} \qquad (2)$$

Por ejemplo, si consideramos cada una de las observaciones de n sujetos en dos tratamientos (A_1 y A_2) el modelo planteado para cada uno de los sujetos en cada uno de los tratamientos se expresa del siguiente modo:

Sujetos:	A_1	A_2
P_1	$Y_{11} = \mu + \alpha_1 + P_1 + E_{11}$	$Y_{12} = \mu + \alpha_2 + P_1 + E_{12}$
.	.	.
.	.	.
.	.	.
P_n	$Y_{n1} = \mu + \alpha_1 + P_n + E_{n1}$	$Y_{n2} = \mu + \alpha_2 + P_n + E_{n2}$
T_{+j}	$T_{+1} = n\mu + n\alpha_1 + \sum P_i + \sum E_{i1}$	$T_{+2} = n\mu + n\alpha_2 + \sum P_i + \sum E_{i2}$
$\overline{Y}_{+j}$	$\overline{Y}_{+1} = \mu + \alpha_1 + \overline{P} + \overline{E}_1$	$\overline{Y}_{+2} = \mu + \alpha_2 + \overline{P} + \overline{E}_2$

Donde:

1. Y_{ij} es la puntuación obtenida por el sujeto i en el tratamiento j.
2. μ representa el valor de la media poblacional total o la parte de Y_{ij} que todos los sujetos tienen en común. Se corresponde con el término β_0 del modelo lineal general y se calcula mediante:

$$\mu = \frac{\sum \mu_{+j}}{J}$$

3. α_j representa el efecto del j-ésimo nivel del factor o el efecto atribuible al tratamiento j bajo el que se obtiene la puntuación Y_{ij}. Se corresponde con los $\beta_j X_{ij}$ del modelo lineal general y se calcula mediante:

$$\alpha_j = \mu_{+j} - \mu$$

   Teniendo en cuenta las dos últimas expresiones es claro que: $\sum \alpha_j = 0$.
4. P_i se refiere a los efectos debidos a las diferencias entre los sujetos, donde:

$$P_i = \mu_{i+} - \mu$$

5. E_{ij} representa el término de *errores aleatorios* y son las desviaciones de las puntuaciones del sujeto no sólo respecto al promedio de su grupo sino a su promedio en todos los tratamientos, es decir:

$$E_{ij} = Y_{ij} - \mu_{+j} - \mu_{i+} + \mu$$

Los estimadores correspondientes a cada uno de los términos del modelo son:

$$\hat{\mu} = \overline{Y} \quad (3)$$

$$\hat{\alpha}_j = \overline{Y}_{+j} - \overline{Y} \quad (4)$$

$$\hat{P}_i = \overline{Y}_{i+} - \overline{Y} \quad (5)$$

$$\hat{E}_{ij} = \overline{Y}_{ij} - \overline{Y}_{+j} - \overline{Y}_{i+} + \overline{Y} \quad (6)$$

En conclusión, se acepta el siguiente modelo:

$$Y_{ij} = \mu + \alpha_j + P_i + E_{ij}$$

Donde:

1. Las P_i son independientes y normales, N $(0, \sigma_p^2)$
2. Las E_{ij} son independientes y normales, N $(0, \sigma_e^2)$
3. Las E_{ij} son independientes entre sí, tanto las pertenecientes a un tratamiento como las pertenecientes a tratamientos distintos, $Cov\ (E_{ij}, E_{ik}) = 0$
4. Los P_i son independientes de las E_{ij}, $Cov\ (P_i, E_{ij}) = 0$

Teniendo en cuenta lo dicho, se deduce fácilmente que:

$$E(\overline{E}_{+j}) = E\left[\sum_i \frac{E_{ij}}{n}\right] = \sum_i \frac{E(E_{ij})}{n} = 0 \quad (7)$$

$$E(\overline{E}_{i+}) = E\left[\sum_j \frac{E_{ij}}{J}\right] = \sum_i \frac{E(E_{ij})}{J} = 0 \quad (8)$$

$$E(\overline{E}_{++}) = E\left[\sum_i \sum_j \frac{E_{ij}}{nJ}\right] = \sum_i \sum_j \frac{E(E_{ij})}{nJ} = 0 \quad (9)$$

$$E(\overline{E}^2_{+j}) = Var(\overline{E}_{+j}) - [E(\overline{E}_{+j})]^2 = Var(\overline{E}_{+j}) =$$

$$= Var\left[\sum_i \frac{E_{ij}}{n}\right] = \frac{1}{n^2} n\sigma^2 = \frac{\sigma^2}{n} \qquad (10)$$

$$E(\overline{E}^2_{i+}) = Var(\overline{E}_{i+}) - [E(\overline{E}_{i+})]^2 = Var(\overline{E}_{i+}) =$$

$$= Var\left[\sum_j \frac{E_{ij}}{J}\right] = \frac{1}{J^2} J\sigma^2 = \frac{\sigma^2}{J} \qquad (11)$$

$$E(\overline{E}^2_{++}) = Var(\overline{E}_{++}) - [E(\overline{E}_{++})]^2 = Var(\overline{E}_{++}) =$$

$$= Var\left[\sum_i \sum_j \frac{E_{ij}}{nJ}\right] = \frac{1}{n^2 J^2} nJ\sigma^2 = \frac{\sigma^2}{nJ} \qquad (12)$$

Las consecuencias de estos supuestos para las medias, varianzas y covarianzas en Y_{ij} son las siguientes (Amón, 1996):

a) $E(Y_{ij}) = \mu$

b) $Var(Y_{ij}) = E(Y_{ij}^2) - [E(Y_{ij})]^2 = E(\mu + \alpha_j + P_i + E_{ij})^2 - [E(\mu + \alpha_j + P_i + E_{ij})]^2 = (\mu^2 + \alpha_j^2 + \sigma_p^2 + \sigma_e^2 + 2\mu\alpha_j) - (\mu^2 + \alpha_j^2 + 2\mu\alpha_j) = \sigma_p^2 + \sigma_e^2 = \sigma_y^2 = \sigma^2$

c) $Cov(Y_{ij}, Y_{ik}) = E(Y_{ij} Y_{ik}) - E(Y_{ij}) E(Y_{ik}) = E[(\mu + \alpha_j + P_i + E_{ij})(\mu + \alpha_k + P_i + E_{ik})] - \mathrm{E}(\mu + \alpha_j + P_i + E_{ij}) \mathrm{E}(\mu + \alpha_k + P_i + E_{ik}) = (\mu^2 + \alpha_j\alpha_k + \sigma_p^2 + \mu\alpha_j + \mu\alpha_k) - (\mu^2 + \alpha_j\alpha_k + \mu\alpha_j + \mu\alpha_k) = \sigma_p^2$

d) $\rho(Y_{ij}, Y_{ik}) = \dfrac{Cov(Y_{ij}, Y_{ik})}{\sqrt{Var(Y_{ij})}\sqrt{Var(Y_{ik})}} = \dfrac{\sigma_p^2}{\sigma_p^2 + \sigma_e^2} = \dfrac{\sigma_p^2}{\sigma_y^2}$

De esto se deduce que: $Cov\ (Y_j\ Y_k) = \sigma_{jk} = \rho\sigma_y^2$;

y por tanto: $\sigma_y^2 = \sigma_e^2 + \sigma_p^2 = \sigma_e^2 + \rho\sigma_y^2$

$$\sigma_e^2 = \sigma_y^2 - \rho\sigma_y^2 = \sigma_y^2\ (1 - \rho)^*$$

En conclusión, el modelo planteado exige que la matriz de varianzas-covarianzas en la población sea la siguiente:

$$\Sigma = \begin{bmatrix} \sigma_y^2 & \rho\sigma_y^2 & \dots & \rho\sigma_y^2 \\ \rho\sigma_y^2 & \sigma_y^2 & \dots & \rho\sigma_y^2 \\ \cdot & \cdot & \cdot & \cdot \\ \cdot & \cdot & \cdot & \cdot \\ \cdot & \cdot & \cdot & \cdot \\ \rho\sigma_y^2 & \rho\sigma_y^2 & \dots & \sigma_y^2 \end{bmatrix} = \sigma_y^2 \begin{bmatrix} 1 & \rho & \dots & \rho \\ \rho & 1 & \dots & \rho \\ \cdot & \cdot & \cdot & \cdot \\ \cdot & \cdot & \cdot & \cdot \\ \cdot & \cdot & \cdot & \cdot \\ \rho & \rho & \dots & 1 \end{bmatrix} \quad (13)$$

Este supuesto sobre la forma de la matriz Σ se conoce como *simetría compuesta* y será tratado en detalle en el apartado 3.6.

De lo dicho hasta ahora acerca del modelo planteado se deduce que el efecto de cada tratamiento (α_j) es constante para cada sujeto, de forma que simplemente se añade al de los sujetos (P_i). Por esta razón se denomina ***modelo aditivo*** (Kirk, 1982).

Un modelo alternativo plantea que dado que los sujetos son expuestos a varios tratamientos, los efectos de los mismos no pueden considerarse constantes. Este modelo propone lo mismo que el aditivo pero añade un efecto adicional que consiste en la interacción entre el efecto fijo del factor α_j y los efectos de los sujetos P_i. Es decir:

$$Y_{ij} = \mu + \alpha_j + P_i + (\alpha P)_{ji} + E_{ij} \quad (14)$$

Se denomina ***modelo no aditivo*** y todos los términos son idénticos al aditivo salvo $(\alpha P)_{ji}$ que representa la variabilidad que que-

---

* Puesto que en un modelo de ANOVA completamente aleatorizado: $\sigma_e^2 = \sigma_y^2$, esto explica que en los modelos de medidas repetidas la varianza error sea menor y que el índice de correlación (ρ) sea el factor clave para ello.

da después de eliminar los efectos separados de α_j y P_i, puesto que $(\alpha P)_{ji}$ y E_{ij} no pueden calcularse separadamente (Girden, 1992). De la misma forma que en el modelo aditivo, en el no aditivo los términos P_i y E_{ij} son independientes y normalmente distribuidos con media 0 y varianzas σ_p^2 y σ_e^2, respectivamente. La variable aleatoria $(\alpha P)_{ji}$ en cada sujeto es independiente de la de los demás, pero no de la de los diferentes tratamientos para un mismo sujeto *i*. Se asume que estas últimas suman 0 para el mismo sujeto y se distribuyen normalmente con media 0 y con varianza: $[(J-1)/J]\sigma_{pa}^2$. Teniendo en cuenta que los sujetos y tratamientos interactúan, no puede asumirse que las covarianzas sean iguales en todas las combinaciones posibles de tratamientos. Por tanto, en el modelo no aditivo no es necesario asumir el supuesto de *simetría compuesta* en la matriz Σ. El mencionado supuesto es exclusivo del modelo aditivo y en algunas fuentes aparece citado como supuesto de aditividad (por ejemplo en Pardo y San Martín, 1999).

El modelo no aditivo suele emplearse con menor frecuencia ya que produce un sesgo negativo en el estadístico *F* que tiende a aumentar la probabilidad del error tipo I. Aquí nos referiremos al modelo aditivo y haremos mención al no aditivo en la formulación del estadístico de contraste (para más información véase Kirk, 1982, págs. 248-253 o Winer, 1971, págs. 120-124).

3.4. El estadístico de contraste

El ANOVA de medidas repetidas en un solo factor pone a prueba la hipótesis sobre la igualdad de medias en los distintos *J* tratamientos o niveles de la variable independiente; lo que expresado formalmente es:*

H_0: $\mu_{+1} = \mu_{+2} = \ldots \mu_{+j} = \mu_{+J}$; o bien H_0: $\Sigma\, \alpha_j^2 = 0$

H_1: $\mu_{+j} \neq \mu_{+j'}$ para algún valor de *j* o de *j'* ($j \neq j'$);

o bien H_1: $\Sigma\, \alpha_j^2 \neq 0$

---

* Además de la hipótesis sobre los efectos del factor α_j también puede estudiarse la hipótesis sobre el efecto debido a los sujetos (P_i) donde H_0: $\sigma_p^2 = 0$ frente a H_1: $\sigma_p^2 > 0$; aunque a efectos prácticos esta hipótesis no suele contrastarse en los estudios empíricos.

La tarea es ahora encontrar un estadístico de contraste con distribución muestral conocida que permita poner a prueba la hipótesis planteada.

a) *Fuentes de variación*

Sustituyendo los valores poblacionales del modelo planteado en la ecuación 2 por sus correspondientes estimadores muestrales (ver ecuaciones de la 3 a la 6) se obtiene lo siguiente:

$$Y_{ij} = \overline{Y} + (\overline{Y}_{+j} - \overline{Y}) + (\overline{Y}_{i+} - \overline{Y}) + (Y_{ij} - \overline{Y}_{+j} - \overline{Y}_{i+} + \overline{Y})$$

Trasladando a la izquierda el término $\overline{Y}$:

$$Y_{ij} - \overline{Y} = (\overline{Y}_{+j} - \overline{Y}) + (\overline{Y}_{i+} - \overline{Y}) + (Y_{ij} - \overline{Y}_{+j} - \overline{Y}_{i+} + \overline{Y}) \qquad (15)$$

Donde:

$(Y_{ij} - \overline{Y})$, representa lo que una puntuación Y_{ij} cualquiera se desvía de la media total $(\overline{Y})$ y se denomina *desviación* o *variación total*, la cual puede descomponerse en los siguientes tres componentes:

1. $(\overline{Y}_{+j} - \overline{Y})$: representa lo que la media de su tratamiento o grupo $\overline{Y}_{+j}$ se desvía de la media total $\overline{Y}$. Es decir, las diferencias entre los J tratamientos.

2. $(\overline{Y}_{i+} - \overline{Y})$: representa lo que la media de las puntuaciones de un mismo sujeto $\overline{Y}_{i+}$ se desvía de la media total $\overline{Y}$. Es decir, las diferencias entre los n sujetos.

3. $(Y_{ij} - \overline{Y}_{+j} - \overline{Y}_{i+} + \overline{Y})$: representa lo que la puntuación Y_{ij} se desvía de la media de su grupo y de la media de las puntuaciones del mismo sujeto. Es decir, las diferencias dentro de cada tratamiento o la variación error.

En síntesis, en el modelo de ANOVA de medidas repetidas en un factor, la *variación total* (a la que nos referiremos como T) se descompone en tres tipos de variación: la *variación intra-sujetos* (I), la *variación debida a los sujetos* (P) y la *variación error* (E).

b) *Sumas de cuadrados*

Si en lugar de referirnos a una puntuación como se ha hecho en la ecuación 15, nos referimos al conjunto de las N puntuaciones elevándolas al cuadrado (C) y sumándolas (S) tendremos que:

$$SCT = SCI + SCP + SCE$$

O lo que es lo mismo:

$$\sum_i \sum_j (Y_{ij} - \overline{Y})^2 = \sum_i \sum_j \left[(\overline{Y}_{+j} - \overline{Y}) + (\overline{Y}_{i+} - \overline{Y}) + (Y_{ij} - \overline{Y}_{+j} - \overline{Y}_{i+} + \overline{Y}) \right]^2 \quad (16)$$

Desarrollando la ecuación 16:

$$\sum_i \sum_j (Y_{ij} - \overline{Y})^2 = n \sum_j (\overline{Y}_{+j} - \overline{Y})^2 + J \sum_i (\overline{Y}_{i+} - \overline{Y})^2 + \sum_i \sum_j (Y_{ij} - \overline{Y}_{+j} - \overline{Y}_{i+} + \overline{Y})^2$$

Donde:

$\sum_i \sum_j (Y_{ij} - \overline{Y})^2$ es la *suma de cuadrados total* (SCT)

$n \sum_j (\overline{Y}_{+j} - \overline{Y})^2$ es la *suma de cuadrados intra-sujetos* (SCI)

$J \sum_i (\overline{Y}_{i+} - \overline{Y})^2$ la *suma de cuadrados debida a los sujetos* (SCP)

$\sum_i \sum_j (Y_{ij} - \overline{Y}_{+j} - \overline{Y}_{i+} + \overline{Y})^2$ la *suma de cuadrados error* (SCE)

Estas sumas de cuadrados pueden calcularse más fácilmente haciendo algunas transformaciones:

$$SCT = \sum_i \sum_j Y_{ij}^2 - \frac{T^2}{N} \quad (17)$$

$$SCI = \sum_j \frac{T_{+j}^2}{n} - \frac{T^2}{N} \quad (18)$$

$$SCP = \sum_i \frac{T_{i+}^2}{J} - \frac{T^2}{N} \tag{19}$$

$$SCE = \sum_i \sum_j Y_{ij}^2 - \sum_j \frac{T_{+j}^2}{n} - \sum_i \frac{T_{i+}^2}{J} + \frac{T^2}{N} \tag{20}$$

c) *Grados de libertad*

La *suma de cuadrados total* (*SCT*) es la suma al cuadrado de las desviaciones de las puntuaciones con respecto a la media poblacional. Dado que la media poblacional es un parámetro que necesita estimarse, se pierde un grado de libertad por lo que *SCT* tiene asociados $N - 1$ grados de libertad.

La *suma de cuadrados intra-sujetos* (*SCI*) es la suma al cuadrado de las desviaciones de las J medias en los tratamientos respecto de la media total. Dado que la media poblacional necesita estimarse, se pierde un grado de libertad por lo que *SCI* tiene asociados $J - 1$ grados de libertad.

La *suma de cuadrados debida a los sujetos* (*SCP*) es la suma al cuadrado de las desviaciones de las n medias en los sujetos con respecto a la media total. De nuevo, puesto que la media poblacional ha de estimarse, se pierde un grado de libertad por lo que *SCP* tiene asociados $n - 1$ grados de libertad.

Por último, la *suma de cuadrados error* (*SCE*), es la suma al cuadrado de las desviaciones de las N puntuaciones con respecto a las J medias, n medias y la media total. En este caso se necesita estimar la media total, μ, las $J - 1$ medias μ_{+j}, y las $n - 1$ medias μ_{i+}. Por tanto, los grados de libertad perdidos son: $1 + (J - 1) + (n - 1)$ y la *SCE* tiene asociados $N - (J - 1) - (n - 1) - 1 = (J - 1)(n - 1)$ grados de libertad.

d) *Medias cuadráticas*

La *media cuadrática* (*MC*) se define como una suma de cuadrados (*SC*) dividida por sus grados de libertad. Por tanto, las *medias cuadráticas intra-sujetos* y *error* son:*

* Si se comprueba la hipótesis sobre los sujetos también será necesario calcular:

$$MCP = \frac{SCP}{n\text{-}1}$$

$$MCI = \frac{SCI}{J-1} \qquad MCE = \frac{SCE}{(J-1)\,(n-1)} \tag{21}$$

Se demuestra que el valor esperado de *MCI* es:

$$E(MCI) = E\left[\frac{n\sum_j (\overline{Y}_{+j} - \overline{Y})^2}{J-1}\right] = \frac{n\sum_j \alpha_j^2}{J-1} + \sigma^2$$

En efecto:

$$E(SCI) = n\,E\left[\sum_i (\overline{Y}_{+j} - \overline{Y})^2\right] = n\,E\left[\sum_i \{\alpha_j + (\overline{E}_{+j} - \overline{E}_{++})\}^2\right] =$$

según la ecuación (2) y las fórmulas de α_j y μ:

$$= n\sum_j \alpha_j^2 + n\sum_i E\left[(\overline{E}_{+j} - \overline{E}_{++})^2\right] =$$

según las ecuaciones (7) y (9):

$$= n\sum_j \alpha_j^2 + n\sum_i E\,(\overline{E}_{+j}^2) - n\,E\,(\overline{E}_{++}^2) =$$

según las ecuaciones (10) y (12):

$$= n\sum_j \alpha_j^2 + n\sum_i \frac{\sigma^2}{n} - nJ\,\frac{\sigma^2}{nJ} = n\sum_j \alpha_j^2 + (J-1)\,\sigma^2$$

Por tanto:

$$E(MCI) = \frac{E(SCI)}{J-1} = \frac{n\sum_j \alpha_j^2}{J-1} + \frac{(J-1)\,\sigma^2}{J-1} = \frac{n\sum_j \alpha_j^2}{J-1} + \sigma^2$$

En cuanto al valor esperado de *MCE* se demuestra que:

$$E(MCE) = E\left[\frac{\sum_i \sum_j (Y_{ij} - \overline{Y}_{+j} - \overline{Y}_{i+} + \overline{Y})^2}{(J-1)(n-1)}\right] = \sigma^2$$

En efecto:

$$E(SCE) = E\left[\sum_i \sum_j (Y_{ij} - \overline{Y}_{+j} - \overline{Y}_{i+} + \overline{Y})^2\right] =$$

$$= E\left[\sum_i \sum_j (E_{ij} - \overline{E}_{+j} - \overline{E}_{i+} + \overline{E}_{++})^2\right]$$

Según la ecuación (2), las fórmulas de α_j, μ, $\overline{Y}_{+j}$, $\overline{Y}_{i+}$ e $\overline{Y}$ y siendo:

$$\overline{E}_{+j} = \sum_i \frac{E_{ij}}{n}; \quad \overline{E}_{i+} = \sum_j \frac{E_{ij}}{J}; \quad \overline{E}_{++} = \sum_i \sum_j \frac{E_{ij}}{nJ}$$

$$E(SCE) = E\left(\sum_i \sum_j \overline{E}_{ij}^2 - n\sum_i \overline{E}_{+j}^2 - J\sum_j \overline{E}_{i+}^2 + nJ\,\overline{E}_{++}^2\right) =$$

$$= \sum_i \sum_j E(\overline{E}_{ij}^2) - n\sum_i E(\overline{E}_{+j}^2) - J\sum_j E(\overline{E}_{i+}^2) + nJE(\overline{E}_{++}^2) =$$

según las ecuaciones (10), (11) y (12):

$$= nJ\sigma^2 - n\sigma^2 - J\sigma^2 + \sigma^2 = (nJ - n - J + 1)\,\sigma^2 =$$

$$= (J-1)(n-1)\sigma^2$$

Por tanto:

$$E(MCE) = \frac{E(SCE)}{(J-1)(n-1)} = \frac{(J-1)(n-1)\sigma^2}{(J-1)(n-1)} = \sigma^2$$

Como se observa, *MCE* es un estimador insesgado de la varianza poblacional pues $E(MCE) = \sigma^2$; mientras que *MCI* es un estimador sesgado pues $E(MCI) \neq \sigma^2$. Ahora bien, si la hipótesis nula planteada: H_0: $\mu_{+1} = \ldots = \mu_{+j} = \ldots = \mu_{+J}$ se mantiene, entonces tanto *MCI* como *MCE* son estimadores insesgados de σ^2 y sus valores serán similares.

e) *El estadístico F*

De lo anterior se deduce que el estadístico empleado para contrastar la hipótesis nula en el modelo de ANOVA de un factor con medidas repetidas es:

$$F = \frac{MCI}{MCE} \tag{22}$$

Si H_0 es verdadera, dicho cociente se aproxima a 1. Si H_0 no es verdadera, *MCI* tenderá a ser mayor que *MCE* y por tanto, su cociente será mayor que 1. Ahora bien, incluso siendo H_0 verdadera, teniendo en cuenta que *MCI* y *MCE* son valores muestrales cabe esperar que calculadas en un conjunto de datos concretos, existan diferencias entre ellas atribuibles al proceso de muestreo. La cuestión radica en determinar cuán grandes han de ser dichas diferencias para pensar que H_0 no es verdadera. Para responder esta pregunta es necesario conocer la distribución muestral asociada al cociente *MCI/MCE*.

Una variable del tipo:

$$\frac{(n-1)\ S_{n-1}^2}{\sigma^2}$$

es una variable aleatoria que se distribuye según χ^2 con $n - 1$ grados de libertad.

Del mismo modo:

$$\frac{(J-1)\ MCI}{\sigma^2}$$

sigue el modelo de distribución probabilidad χ^2 con $J - 1$ grados de libertad. Y:

$$\frac{(J-1)(n-1)\ MCE}{\sigma^2}$$

el de χ^2 con $(J - 1)(n - 1)$ grados de libertad.

El cociente entre dos χ^2 independientes, cada una de ellas dividida por sus grados de libertad, es por definición una variable aleatoria distribuida según el modelo de probabilidad F con los grados de libertad del numerador y del denominador:

$$\frac{\chi^2 / n_1}{\chi^2 / n_2} \equiv F_{n_1, n_2}$$

Del mismo modo:

$$\frac{\dfrac{(J-1)\ MCI}{\sigma^2} / (J-1)}{\dfrac{(J-1)(n-1)MCE}{\sigma^2} / (J-1)(n-1)} = \frac{MCI}{MCE} \equiv F_{J-1,\ (J-1)(n-1)}$$

F es un estadístico adecuado para contrastar la hipótesis nula del ANOVA-MR ya que informa sobre el grado de discrepancia entre las μ_{+j} y posee una distribución muestral conocida.*

3.5. Tabla resumen del ANOVA-MR de un factor

Los resultados de los cálculos necesarios para analizar el modelo planteado pueden resumirse en una tabla como la que aparece a continuación:

* El estadístico F para el modelo no aditivo es: $F = \dfrac{\sigma^2 + n\sum_j \alpha_j^2 \Big/ (J-1)}{\sigma^2 + n\sum_i\sum_j (\alpha P)_{ji}^2 \Big/ (J-1)(n-1)}$

TABLA 2. *Resumen del ANOVA-MR de un factor.*

Fuentes de Variación	SC	g.l.	MC	F
Intra-sujetos *(I)*	$SCI = \sum_j \frac{T_{+j}^2}{n} - \frac{T^2}{N}$	$J - 1$	$MCI = \frac{SCI}{J-1}$	$F = \frac{MCI}{MCE}$
Sujetos *(P)*	$SCP = \sum_i \frac{T_{i+}^2}{J} - \frac{T^2}{N}$	$n - 1$		
Error *(E)*	$SCE = SCT - SCI - SCP$	$(J - 1)(n - 1)$	$MCE = \frac{SCE}{(J-1)(n-1)}$	
Total *(T)*	$SCT = \sum_i \sum_j Y_{ij}^2 - \frac{T^2}{N}$	$N - 1$		

A continuación se ofrece un resumen del procedimiento seguido en el contraste de la hipótesis planteada en el modelo de ANOVA de un factor con medidas repetidas:

TABLA 3. *Resumen del modelo de ANOVA de un factor con medidas repetidas.*

1. *Planteamiento de la hipótesis*

   H_0: $\mu_{+1} = \mu_{+2} = \ldots = \mu_{+j} = \ldots = \mu_J$; o bien H_0: $\sum \alpha_j^2 = 0$

   Es decir, las J medias poblacionales son iguales o el factor es independiente de la variable dependiente.

   H_1: $\mu_{+j} \neq \mu_{+j'}$; o bien H_0: $\sum \alpha_j^2 \neq 0$

   Es decir: no todas las μ_{+j} son iguales, al menos una difiere de otra; o bien el factor influye sobre la variable dependiente.

2. *Supuestos*

   a) *Independencia*: n observaciones aleatoriamente extraídas e independientes entre sí.
   b) *Normalidad*: Las J poblaciones de donde se extraen las J muestras son normales.
   c) *Aditividad o esfericidad*: los sujetos (P_i) no interactúan con los tratamientos (α_j) ni con los errores (E_{ij}). Las J poblaciones tienen la misma varianza y las covarianzas entre las puntuaciones de cada par de tratamientos son iguales.

3. *Estadístico de contraste*

   $$F = \frac{MCI}{MCE}$$

   F se distribuye según el modelo probabilístico F con $J - 1$ y $(J - 1)(n - 1)$ grados de libertad.

4. *Zona crítica*

Está formada por todos los valores del estadístico de contraste F mayores o iguales que ${}_{1-\alpha}F_{J-1,\,(J-1)(n-1)}$

5. *Regla de decisión*

Rechazar H_0 si el estadístico F cae en la zona crítica:

$$F \geq {}_{1-\alpha}F_{J-1,\,(J-1)(n-1)}$$

mantener en caso contrario. Si se rechaza H_0 se concluye que no todas las medias poblacionales son iguales. No sabemos qué medias difieren entre sí, pero sí sabemos que al menos una difiere de al menos otra.

3.6. Ejemplo

Un psicólogo especialista en investigación de mercados pretende estudiar la respuesta afectiva hacia un perfume en función del grado de concentración en sus componentes aromáticos con el fin de orientar una campaña publicitaria para el lanzamiento del mismo. El perfume está elaborado con cuatro grados de concentración diferentes: el primero, de menor concentración tiene 500 partes de aroma por millón (ppm), el segundo 1000 ppm, el tercero 1500 ppm y el cuarto, la máxima concentración, 2000 ppm. La respuesta afectiva se mide en una escala de tipo Likert de 7 puntos. En un primer estudio piloto el psicólogo seleccionó una muestra aleatoria de 20 sujetos. Para evitar los efectos de arrastre y fatiga, evaluó la respuesta afectiva de los 20 sujetos hacia el perfume dejando transcurrir 5 días tras la exposición a cada grado de concentración aromática del mismo. Los resultados obtenidos aparecen en la tabla 4.

TABLA 4. *Respuesta afectiva de 20 sujetos hacia un perfume en cuatro grados de concentración.*

	Grado de concentración del perfume					
Sujetos:	1	2	3	4	T_{i+}	$\overline{Y}_{i+}$
1	1	3	4	4	12	3.00
2	2	2	5	6	15	3.75
3	2	5	4	6	17	4.25
4	2	3	5	4	14	3.50
5	1	3	4	7	15	3.75
6	1	4	4	5	14	3.50
7	2	3	5	4	14	3.50
8	4	3	4	5	16	4.00
9	2	4	4	6	16	4.00
10	2	2	5	6	15	3.75
11	2	3	3	3	11	2.75
12	1	4	1	7	13	3.25
13	4	2	5	4	15	3.75
14	1	3	6	5	15	3.75
15	2	2	5	5	14	3.50
16	1	3	5	3	12	3.00
17	1	2	3	6	12	3.00
18	3	4	4	4	15	3.75
19	3	4	7	4	18	4.50
20	3	2	4	3	12	3.00
T_{+j}	40	61	87	97	$T = 285$	
$\overline{Y}_{+j}$	2.00	3.05	4.35	4.85		$\overline{Y} = 3.56$

Como se observa, se trata de un diseño con una variable independiente o factor (*grado de concentración del perfume*) con cuatro niveles ($J = 4$) establecidos por el investigador y, por tanto, de efectos fijos. Los $n = 20$ sujetos pasan por todos y cada uno de los niveles de la variable independiente por lo que ésta es de tipo *intra-sujetos.* La variable dependiente (*respuesta afectiva hacia el perfume*) se ha medido a través de las evaluaciones de los 20 sujetos. El modelo apropiado para analizar estos datos y determinar si el grado de concentración aromática del perfume afecta a la respuesta afectiva hacia el mismo es el del ANOVA de un factor con medidas repetidas.

Comencemos haciendo los cálculos para construir la tabla-resumen del ANOVA:

$$\sum_i \sum_j Y_{ij}^2 = 1^2 + 2^2 + 2^2 + \ldots + 3^2 = 1207.$$

$$\sum_i \sum_j Y_{ij} = 1 + 2 + 2 + \ldots + 3 = 285 = T.$$

$$T^2 = 81225. \quad N = 80.$$

Aplicando las fórmulas (17) a (20) se obtienen las sumas de cuadrados:

$$SCT = \sum_i \sum_j Y_{ij}^2 - \frac{T^2}{N} = 1207 = \frac{81225}{80} = 191.69$$

$$SCI = \sum_j \frac{T_{+j}^2}{n} - \frac{T^2}{N} = \frac{40^2 + 61^2 + 87^2 + 97^2}{20} - \frac{81225}{80} =$$

$$= 1114.95 - 1015.31 = 99.64$$

$$SCP = \sum_i \frac{T_{i+}^2}{J} - \frac{T^2}{N} = \frac{12^2 + 15^2 + 17^2 + \ldots + 12^2}{4} - \frac{81225}{80} =$$

$$= 1031.25 - 1015.31 = 15.94$$

$$SCE = \sum_i \sum_j Y_{ij}^2 - \sum_j \frac{T_{+j}^2}{n} - \sum_i \frac{T_{i+}^2}{J} + \frac{T^2}{N} =$$

$$= 1207 - 1114.95 - 1031.25 + 1015.31 = 76.11$$

Grados de libertad:

Intra-sujetos: $J - 1 = 4 - 1 = 3$
Sujetos: $n - 1 = 20 - 1 = 19$
Error: $(J - 1)(n - 1) = (3)(19) = 57$
Total: $N - 1 = 79$

Según (21) las medias cuadráticas son:

$$MCI = \frac{SCI}{J - 1} = \frac{99.64}{3} = 33.213$$

$$MCE = \frac{SCE}{(J - 1)(n - 1)} = \frac{76.11}{57} = 1.335$$

TABLA 5. *Tabla-resumen del ANOVA-MR de un factor.*

FV	*SC*	*g.l.*	*MC*	*F*
Intra-sujetos (*I*)	99.64	3	33.213	24.878
Sujetos (*P*)	15.94	19		
Error (*E*)	76.11	57	1.335	
Total (*T*)	191.69	79		

Una vez construida la tabla-resumen (ver tabla 5) podemos plantear las hipótesis y tomar una decisión sobre ellas. Siguiendo el esquema de la tabla 3:

1) *Planteamiento de hipótesis*

H_0: $\mu_{+1} = \mu_{+2} = \mu_{+3} = \mu_{+4}$

Todos los aromas producen la misma respuesta afectiva

H_1: $\mu_{+j} \neq \mu_{+j'}$ para algún j.

Al menos uno de los aromas produce una respuesta afectiva diferente

2) *Supuestos*

La muestra extraída es aleatoria. En cuanto a los restantes supuestos serán analizados en detalle en el siguiente apartado.

3) *Estadístico de contraste*

Según (22): $$F = \frac{MCI}{MCE} = \frac{33.213}{1.335} = 24.878$$

F se distribuye con $J-1=3$ y $(J-1)(n-1) = 57$ grados de libertad.

4) *Zona crítica*

Consultando las tablas de F de Snedecor con $\alpha = 0.05$ al estadístico F le corresponde un valor de ${}_{0.95}F_{3.57} = 2.76$ (*vid.* Monografía de Tablas Estadísticas). Por tanto la zona crítica o de rechazo de H_0 corresponde a todos los valores de F mayores que 2.76.

5) *Decisión y conclusión*

Como el valor del estadístico de contraste $F = 24.878$ se encuentra dentro de la zona crítica $(24.878 > 2.76)$, se rechaza H_0 y se concluye que no todas las medias son iguales; al menos dos difieren entre sí. Por tanto, el grado de concentración del perfume afecta a la respuesta afectiva que el sujeto experimenta hacia el mismo.

3.7. Comprobación de supuestos

Para poder contrastar la hipótesis del ANOVA-MR de un factor es necesario formular tres tipos de supuestos: independencia, normalidad y esfericidad o aditividad.

a) *Independencia*

Este supuesto implica que cada sujeto de la muestra ha sido aleatoriamente seleccionado de su población y asignado a cada uno de los J tratamientos del factor, por lo que su puntuación es independiente de la obtenida por los restantes sujetos. En los diseños de medidas repetidas las observaciones recogidas en los mismos individuos sólo son independientes dentro de cada tratamiento. En consecuencia, lo que una puntuación se desvía del promedio de su grupo (E_{ij}) es independiente de lo que otra puntuación cualquiera se desvía de ese mismo grupo. Es decir, $Cov\ (E_{ij}, E_{i'j}) = 0$ (donde $i \neq i'$). Este supuesto suele comprobarse mediante la prueba de las rachas y su incumplimiento puede ser muy grave de modo que conviene cuidar los aspectos relacionados con la selección y asignación de sujetos (ver San Martín y Pardo, 1989, págs. 100-102).

b) *Normalidad*

La muestra aleatoria de n sujetos es extraída de una población normal. Para comprobar este supuesto se puede emplear la prueba no paramétrica sobre normalidad de Kolmogorov-Smirnov (ver Amón, 1996, págs. 465-467). Los resultados obtenidos con los datos de la tabla 4 del ejemplo aparecen en la tabla 6. Como se observa, el estadístico ha resultado no significativo en todos los tratamientos por lo que puede mantenerse la hipótesis sobre normalidad en los datos.

TABLA 6. *Datos descriptivos y pruebas de normalidad Kolmogorov-Smirnov.*

	Grado de concentración del perfume			
	1	2	3	4
Media	2.00	3.05	4.35	4.85
Desv. típica	0.97	0.89	1.23	1.27
Z de Kolmogorov	1.118	0.995	1.063	0.889
Sig. asintót. (bilateral)	0.164	0.275	0.209	0.409

Aunque el estadístico de contraste F utilizado para contrastar H_0 es robusto a la violación del supuesto de normalidad, para obtener la distribución de F es necesario establecer el supuesto de normalidad. Como se ha visto en el planteamiento del modelo, este supuesto también afecta a los P_i y los E_{ij}.

c) *Esfericidad*

En el apartado 3.3 de especificación del modelo y supuestos llegamos a que: $\sigma_{jk} = \rho\sigma_y^2$ y $\sigma_e^2 = \sigma_y^2(1-\rho)$ y por tanto, a que la matriz de varianzas-covarianzas en la población había de tener la siguiente forma:

$$\Sigma = \begin{bmatrix} \sigma_y^2 & \sigma_{jk} & \cdots & \sigma_{jk} \\ \sigma_{jk} & \sigma_y^2 & \cdots & \sigma_{jk} \\ \cdot & \cdot & \cdot & \cdot \\ \cdot & \cdot & \cdot & \cdot \\ \cdot & \cdot & \cdot & \cdot \\ \sigma_{jk} & \sigma_{jk} & \cdots & \sigma_y^2 \end{bmatrix}$$

Es decir, que las varianzas de los tratamientos (diagonal principal) son iguales y que las covarianzas entre tratamientos (fuera de la diagonal) también lo son. Las matrices que cumplen estas características se dice que tienen la propiedad de la *simetría compuesta* (o *compound simetry*) y se conocen como matrices de tipo ***S*** (Box, 1954). Como ya se ha señalado, esto sólo es posible bajo el modelo aditivo.

La simetría compuesta es una condición suficiente para comprobar que el estadístico *F* se distribuye mediante el modelo probabilístico *F* con J-1 y (J -1)(n -1) grados de libertad bajo la hipótesis nula del ANOVA-MR. Sin embargo, no es una condición necesaria. Huynh y Feldt (1970), Rouanet y Lepine (1970) y más tarde Mendoza (1980) demostraron que el estadístico *F* también es válido si las varianzas de todos los pares posibles de diferencias entre tratamientos son iguales. Es decir:

$$\text{Si } \sigma^2_{Y_j - Y_k} = \sigma^2_{Y_j} + \sigma^2_{Y_k} - 2\,\sigma_{Y_jY_k} = \text{constante para todo } j \text{ y } k$$

Las matrices que satisfacen esta propiedad menos restrictiva se dice que son matrices de tipo ***H*** (Kirk, 1982). Todas las matrices que presentan simetría compuesta también cumplen esta propiedad. Veamos un ejemplo de una matriz de tipo ***H***:

$$\Sigma_H = \begin{bmatrix} 5 & 2.5 & 5 \\ 2.5 & 10 & 7.5 \\ 5 & 7.5 & 15 \end{bmatrix} \quad \text{Donde:} \quad \begin{aligned} \sigma^2_{Y_1 - Y_2} &= 5 + 10 - 2\,(2.5) = 10 \\ \sigma^2_{Y_1 - Y_3} &= 5 + 15 - 2\,(5) = 10 \\ \sigma^2_{Y_2 - Y_3} &= 10 + 15 - 2\,(7.5) = 10 \end{aligned}$$

Puesto que todas las $\sigma^2_{Y_j - Y_k}$ valen 10, la matriz Σ_H es una matriz de tipo ***H***.

En conclusión, la simetría compuesta es una condición suficiente pero no necesaria para los modelos de ANOVA-MR de un factor. La condición mínima exigible para que el estadístico F sea válido es que se cumpla el supuesto de la *esfericidad* o de la *circularidad* en la matriz de varianzas-covarianzas de la población. La *esfericidad* solamente requiere que la matriz Σ, una vez transformada mediante la utilización de polinomios ortonormales, sea una matriz diagonal que contenga varianzas iguales en la misma. La transformación polinómica ortonormal viene dada por:

$$\boldsymbol{C}^{*\prime} \Sigma\, \boldsymbol{C}^{*} \tag{23}$$

Donde Σ es la matriz de varianzas-covarianzas poblacional de orden $J \times J$ y $\boldsymbol{C}^*$ la matriz de coeficientes ortonormales de orden $(J - 1) \times J$.

La hipótesis de que la matriz resultante de la expresión (23) es una matriz diagonal que contiene varianzas iguales en la misma se plantea formalmente mediante:

$$\begin{aligned} &\boldsymbol{H_0}\text{:}\ \boldsymbol{C}^{*\prime} \hat{\Sigma}\, \boldsymbol{C}^{*} = \sigma^2 \boldsymbol{I_J} \\ &\boldsymbol{H_1}\text{:}\ \boldsymbol{C}^{*\prime} \hat{\Sigma}\, \boldsymbol{C}^{*} \neq \sigma^2 \boldsymbol{I_J} \end{aligned} \tag{24}$$

Donde $\boldsymbol{C}^*$ es la matriz de coeficientes ortonormales, $\hat{\Sigma}$ es la matriz de varianzas-covarianzas muestral; σ^2 es la varianza poblacional e $\boldsymbol{I_J}$ es la matriz identidad de orden J.

Una de las formas de comprobar la hipótesis planteada en (24) es mediante el estadístico W o criterio de razón de verosimilitud de Mauchly (1940), cuyo valor se calcula mediante:

$$W = \frac{\left| \boldsymbol{C}^{*\prime} \hat{\Sigma}\, \boldsymbol{C}^{*} \right|}{\left| traza\ (\boldsymbol{C}^{*\prime} \hat{\Sigma}\, \boldsymbol{C}^{*}) / (J - 1) \right|^{J-1}} \tag{25}$$

El estadístico W puede convertirse en una χ^2 mediante:

$$\chi^2 = -\left(n - 1 - \frac{2J + 5}{6}\right) lnW \tag{26}$$

χ^2 se distribuye aproximadamente según el modelo chi-cuadrado con $J(J-1)/2$ grados de libertad. Para muestras suficientemente grandes, un valor $\chi^2 < {}_{1-\alpha}\chi^2_{J(J-1)/2}$ indica que hay evidencia para apoyar el supuesto de esfericidad y por tanto, que las diferencias entre varianzas muestrales pueden atribuirse al proceso de muestreo.

En nuestro ejemplo, la matriz de varianzas-covarianzas correspondiente a los datos de la tabla 4 es:

$$\hat{\Sigma} = \begin{bmatrix} 0.947 & -0.105 & 0.316 & -0.421 \\ -0.105 & 0.787 & -0.176 & 0.166 \\ 0.316 & -0.176 & 1.503 & -0.524 \\ -0.421 & 0.166 & -0.524 & 1.608 \end{bmatrix}$$

La matriz de polinomios ortogonales correspondiente a $J= 4$ es la siguiente (*vid.* Monografía de Tablas Estadísticas):

$$\boldsymbol{C} = \begin{bmatrix} -3 & -1 & 1 & 3 \\ 1 & -1 & -1 & 1 \\ -1 & 3 & -3 & 1 \end{bmatrix}$$

Para que los coeficientes de esta matriz sean ortonormales se transforman dividiendo los elementos de las columnas por la raíz cuadrada de la suma cuadrática de los mismos y se obtiene $\boldsymbol{C}^{*'}$:

$$\boldsymbol{C}^{*'} = \begin{bmatrix} -0.904 & -0.3015 & 0.3015 & 0.904 \\ 0.3015 & -0.3015 & -0.3015 & 0.3015 \\ -0.3015 & 0.904 & -0.904 & 0.3015 \end{bmatrix}$$

Donde, $\boldsymbol{C}^{*'} \hat{\Sigma} \boldsymbol{C}^{*} =$

$$= \begin{bmatrix} -0.904 & -0.3015 & 0.3015 & 0.904 \\ 0.3015 & -0.3015 & -0.3015 & 0.3015 \\ -0.3015 & 0.904 & -0.904 & 0.3015 \end{bmatrix} \begin{bmatrix} 0.947 & -0.105 & 0.316 & -0.421 \\ -0.105 & 0.787 & -0.176 & 0.166 \\ 0.316 & -0.176 & 1.503 & -0.524 \\ -0.421 & 0.166 & -0.524 & 1.608 \end{bmatrix}$$

$$\begin{bmatrix} -0.904 & -0.3015 & -0.3015 \\ -0.3015 & -0.3015 & 0.904 \\ 0.3015 & -0.3015 & -0.904 \\ 0.904 & 0.3015 & 0.3015 \end{bmatrix} = \begin{bmatrix} 2.410 & 0.246 & 1.102 \\ 0.245 & 0.358 & 0.380 \\ 1.012 & 0.380 & 3.073 \end{bmatrix}$$

El determinante de la matriz $\boldsymbol{C}^{*\prime} \hat{\Sigma} \boldsymbol{C}^{*}$ es 5.023 y la traza 5.84. Por tanto, aplicando las fórmulas (25) y (26):

$$W = \frac{5.023}{|5.84 / 3|^3} = 0.681$$

$$\chi^2 = -\left(20 - 1 - \frac{8+5}{6}\right)(-0.384) = 6.804$$

Para $\alpha = 0.05$: ${}_{1-\alpha}\chi^2_{J(J-1)/2} = {}_{0.95}\chi^2_6 = 12.59$ (*vid.* Monografía de Tablas Estadísticas).

Como $6.804 < 12.59$ se mantiene la hipótesis nula y se concluye que la matriz de varianzas-covarianzas poblacional presenta la propiedad de la esfericidad.*

El contraste tanto sobre la simetría compuesta como sobre la esfericidad a partir de la prueba de Box (1954) y la de Mauchly (1940) es muy sensible a la violación del supuesto de normalidad (Keselman, Rogan, Mendoza y Breen, 1980). Sin embargo los estudios de simulación de Huynh y Mandeville (1979) con datos no-normales mostraron que la prueba *W* es adecuada cuando la distribución de los datos es platicúrtica y produce un aumento del error tipo I cuando es leptocúrtica y las muestras son grandes.

---

* La demostración de la propiedad de esfericidad es equivalente a la de que las varianzas $\sigma^2_{Y_j - Y_k}$ son iguales (Mendoza, Toothaker y Crain, 1976).

Si el supuesto de esfericidad no se cumple, como ocurre frecuentemente, el ANOVA-MR de un factor proporciona una razón F sesgada positivamente, aumentando la probabilidad del error tipo I. En tal caso se tienen dos opciones: (1) ajustar los grados de libertad del estadístico F; y (2) aplicar un análisis de varianza multivariado (o MANOVA) basado en $J-1$ contrastes independientes.

En cuanto a la primera opción, lo que se propone es que los grados de libertad se ajusten mediante una prueba más conservadora (Box, 1954). La prueba *épsilon* (ε) es una corrección que se aplica en los grados de libertad del numerador y del denominador del estadístico F de forma que éste pasa a distribuirse según F con $\varepsilon(J-1)$ y $\varepsilon(J-1)(n-1)$ grados de libertad. El valor de *épsilon* depende del grado en que la matriz Σ se desvía de la esfericidad y es 1 cuando se cumple el supuesto de esfericidad y se acerca a $1/(J-1)$ cuando no se cumple.

En la práctica el valor de ε suele ser desconocido pero puede estimarse a partir de la matriz $\hat{\Sigma}$. Box (1954) fue el primero en proponer un estimador de ε para abordar el problema de la violación del supuesto de la esfericidad. Se trata de la prueba $\hat{\varepsilon}$, que fue más tarde adaptada por Greenhouse y Geisser (1959), por lo que se conoce como la *épsilon* de Greenhouse y Geisser. $\hat{\varepsilon}$ se calcula a partir de las sumas y medias de la matriz de varianzas-covarianzas muestral ($\hat{\Sigma}$) mediante la fórmula:

$$\hat{\varepsilon} = \frac{J^2(\bar{s}_{ii} - \bar{s})^2}{(J-1)\left(\sum\sum s_{jk}^2 - 2J\sum_i \bar{s}_i^2 + J^2\bar{s}^2\right)} \qquad (27)$$

Donde: $\bar{s}$: media de todos los elementos de la matriz $\hat{\Sigma}$
$\bar{s}_{ii}$: media de los varianzas que aparecen en la diagonal
$\bar{s}_i$: media de los elementos de la fila i
s_{jk} : cualquiera de las covarianzas de la matriz $\hat{\Sigma}$

Los grados de libertad tanto del numerador como del denominador de F se multiplican por $\hat{\varepsilon}$ y la significación del cociente se evalúa con los nuevos grados de libertad. Si el supuesto de esfericidad se cumple, el valor de $\hat{\varepsilon}$ se acercará a 1. Por el contrario, la peor violación del supuesto ocurriría con $\hat{\varepsilon} = 1/(J-1)$. En nuestro ejemplo el valor mínimo de ε es $1/(4-1) = 0.33$ y el resultado de aplicar la fórmula (27) es $\varepsilon = 0.782$. Como se observa, el valor de ε se encuentra lejos de 0.33 y más próximo a 1, lo que indica que el supuesto de esfericidad se cumple. En cuanto a los nuevos grados de libertad, el estadístico $F = 24.878$ distribuido según ${}_{1-\alpha}F_{3.57}$ grados de libertad (vea la tabla 5) pasa a distribuirse según F con $\hat{\varepsilon}$ $(J-1) = 2.35$ y $\hat{\varepsilon}$ $(J-1)$ $(n-1) = 44.57$ grados de libertad. Con un $\alpha = 0.05$ le corresponde el valor ${}_{0.95}F_{2.45} = 3.23$ (*vid.* Monografía de Tablas Estadísticas) por lo que F sigue siendo significativa y se rechaza la hipótesis nula.

La prueba $\hat{\varepsilon}$ tiende a ser excesivamente conservadora para muestras de tamaño pequeño. Huynh y Feldt (1970) propusieron otra corrección *épsilon* para solventar este problema, la prueba $\tilde{\varepsilon}$:

$$\tilde{\varepsilon} = \left[N(J-1)\hat{\varepsilon}\right] - \frac{2}{(J-1)\left[N-g-(J-1)\hat{\varepsilon}\right]} \tag{28}$$

Donde $\hat{\varepsilon}$ es la *épsilon* de Greenhouse y Geisser, N el número total de sujetos, J el número de tratamientos y g el número de grupos (en los diseños de un factor siempre es 1). El valor de $\tilde{\varepsilon}$ siempre es mayor que el de $\hat{\varepsilon}$ y puede incluso resultar mayor que 1, en cuyo caso se iguala a 1. En nuestro ejemplo el resultado de aplicar la fórmula (28) es $\tilde{\varepsilon} = 0.899$ por lo que los grados de libertad de F (ver tabla 5) apenas han cambiado (${}_{0.95}F_{3.51} = 2.84$) y el estadístico F sigue siendo significativo con $\alpha = 0.05$.

Teniendo en cuenta que el cálculo de $\tilde{\varepsilon}$ es complicado Greenhouse y Geisser (1959) recomendaron que para decidir si es necesario obtenerlo pueden llevarse a cabo unos análisis previos basados en $\hat{\varepsilon}$. Puesto que ε oscila entre 1 y $1\,/\,(J-1)$, los grados de libertad más pequeños en F son $(J-1) \times 1\,/\,(J-1) = 1$ para el numerador y $(J-1)(n-1) \times 1/(J-1) = n-1$ para el denominador.

Los análisis previos constan de los siguientes pasos:

1°. Comparar el valor crítico de la F obtenida en el ANOVA (${}_{1-\alpha}F_{(J-1),(J-1)(n-1)}$) con la obtenida con los grados de libertad ajustados (${}_{1-\alpha}F_{\hat{\varepsilon}(J-1),\hat{\varepsilon}(J-1)(n-1)}$). Si el valor de la última no aumenta, no es necesario continuar ya que F no será significativa. En caso contrario, continuar con el paso 2.

2°. Comparar el valor de la F ajustada mediante $\hat{\varepsilon}$ con el de F con 1 y $n-1$ grados de libertad. Si este último resulta menor entonces es significativo, por lo que no será necesario continuar. En caso contrario, continuar con el paso 3.

3°. Si el valor de la F ajustada es mayor que el obtenido mediante el ANOVA-MR pero menor que el valor de las tablas correspondiente a una F con 1 y n-1 grados de libertad, utilizar la F ajustada mediante la prueba $\hat{\varepsilon}$.

En cuanto a la decisión sobre si emplear $\hat{\varepsilon}$ o $\tilde{\varepsilon}$, algunos autores sugieren que $\hat{\varepsilon}$ es demasiado conservadora para muestras pequeñas y que, una vez satisfechos los tres pasos, $\tilde{\varepsilon}$ es la corrección más adecuada (Jaccard y Ackerman, 1985). Sin embargo, los estudios de tipo Montecarlo de Collier, Baker, Mandeville y Hayes (1967) encontraron que esto no era así incluso con muestras tan pequeñas como de 5 sujetos. Por su parte, Stevens (1986) recomienda realizar una media de ambos estimadores dada la tendencia de $\hat{\varepsilon}$ y $\tilde{\varepsilon}$ a infraestimar y sobrestimar (respectivamente) el valor de ε. Sobre la base de estos criterios Barcikowski y Robey (1983) establecieron las siguientes recomendaciones generales:

1) Si, dado que se conoce ε, y $\varepsilon \geq 0.75$ emplear la corrección $\tilde{\varepsilon}$
2) Si $\varepsilon < 0.75$, emplear la corrección más conservadora $\hat{\varepsilon}$
3) Si no se sabe nada sobre ε, como suele ocurrir, emplear la corrección $\hat{\varepsilon}$ ya que es menos sensible al aumento del error tipo I.

La segunda opción para abordar la violación del supuesto de esfericidad consiste en transformar el ANOVA-MR de un factor en un análisis multivariado (o MANOVA) donde, dado que el supuesto de normalidad se cumple, el de esfericidad no constituye un requisito para el análisis de datos. Para convertir los datos del ANOVA en formato de MANOVA las puntuaciones originales se transforman en nuevas variables. Esta transformación puede hacerse de diversas formas, aunque siempre da lugar a J-1 nuevas variables. Una de las formas consiste en convertir los J grupos de puntuaciones en J-1 diferencias y llevar a cabo los análisis sobre las J-1 nuevas variables (Girden, 1992). Otra consiste en originar una matriz de coeficientes ortonormales (como la matriz $\mathbf{C}^*$ definida anteriormente), ponderar cada puntuación por su coeficiente ortonormal y llevar a cabo los análisis en las J-1 variables resultantes (para un ejemplo véase Girden, 1992, págs. 23-25). Ambos procedimientos producen los mismos resultados (Stevens, 1986).

Con las J-1 variables resultantes se lleva a cabo el contraste multivariado T^2 de Hotelling cuyo estadístico se calcula mediante:

$$T^2 = (n)(\bar{y})(S_d^{-1})(\bar{y}') \quad (29)$$

Donde S_d^{-1} es la inversa de la matriz de varianzas-covarianzas de las nuevas variables e $\bar{y}$ el vector fila de medias.

La T^2 puede convertirse en una F mediante:

$$F = \frac{n - J + 1}{(n - 1)(J - 1)} T^2 \quad (30)$$

El estadístico F se distribuye según F con $(J - 1)$ y $(n - J + 1)$ grados de libertad. Si su valor es significativo indica que hay diferencias entre las medias de las variables (para una exposición completa del procedimiento de MANOVA con medidas repetidas puede consultarse O'Brien y Kaiser, 1985).

Estas operaciones matriciales son relativamente complicadas, especialmente con muestras grandes, por lo que suelen realizarse de forma informatizada. En nuestro ejemplo el resultado de aplicar las fórmulas (29) y (30) es $T^2 = 102.76$ y $F = 30.62$. El estadístico F se distribuye según F con 3 y 17 grados de libertad, cuyo valor con $\alpha = 0.05$ es 3.20 (*vid.* Monografía de Tablas Estadísticas). Por tanto, puesto que el valor de F es significativo, se rechaza la hipótesis nula del MANOVA y se concluye que existen diferencias entre las medias de las variables transformadas.

Puesto que en el MANOVA los contrastes sobre las variables son independientes, las correlaciones entre las nuevas variables son muy bajas o nulas. Por tanto, el análisis puede realizarse sin necesidad de asumir el supuesto de esfericidad en la matriz de varianzas-covarianzas. No obstante, es necesario asumir que los datos tienen una distribución multivariada normal y que la muestra empleada es mayor que el número de tratamientos (Bray y Maxwell, 1985).

La prueba T^2 de Hotelling es uno de los múltiples contrastes multivariados que se pueden emplear para comprobar la hipótesis del MANOVA. Los paquetes informáticos ofrecen este contraste por defecto. Por ejemplo el programa SPSS en todas sus versiones lleva a cabo el ANOVA de un factor con medidas repetidas y también la transformación de las puntuaciones en J-1 contrastes ortonormales para realizar las comparaciones entre medias en las puntuaciones resultantes mediante diferentes tests multivariados. Además de la prueba T^2, SPSS ofrece otros tests multivariados como por ejemplo la traza de Pillai, la lambda de Wilks y la raíz mayor de Roy (véase O'Brien y Kaiser, 1985; y Olson, 1976 para una revisión sobre estos tests).

El MANOVA constituye una alternativa adecuada para abordar el problema de la violación del supuesto de esfericidad; sin embargo la discusión sobre si ofrece ventajas frente al ANOVA no está clara. Existen tests preliminares para determinar si el supuesto de esfericidad es plausible o no (véase Kirk, 1982). Mientras que algunos recomiendan que estos tests deben llevarse a cabo antes que el ANOVA (p.e. Huynh y Mandeville, 1979) otros apuntan que no es necesario puesto que son poco sensibles a las desviaciones de la normalidad y producen mayores errores de tipo I. No obstante, el ANOVA es más robusto que el MANOVA cuando existe homogeneidad en las varianzas ya que los grados de libertad asociados al término error son mayores que en la T^2 de Hotelling. Sin embargo, si existe heterogeneidad, los efectos pueden quedar enmascarados en el ANOVA y el MANOVA resultar más robusto. Asimismo, el MANOVA no es apropiado para situaciones donde $(n-1) < J$, la matriz de varianza-covarianza es singular y no tiene solución (Greenhouse y Geisser, 1959).

3.8. Medidas del tamaño del efecto

El análisis de varianza permite averiguar si la variable independiente influye sobre la variable dependiente pero no informa sobre el grado de asociación entre ambas (es decir, ρ). Las medidas del tamaño del efecto son estimaciones de la proporción de varianza de la variable dependiente que es explicada por la variable independiente (es decir, ρ^2) y permiten completar la conclusión alcanzada con la F del ANOVA-MR.

De entre las medidas del tamaño del efecto propuestas la más simple de todas es la de Pearson (1905):

$$\eta^2 = \frac{SCI}{SCT}$$

η^2 (eta al cuadrado) no es más que el cociente entre la variabilidad debida al factor y la variabilidad total. Pese a que esta medida es un estimador sesgado de ρ^2, sigue siendo una de las más utilizadas y que los paquetes informáticos proporcionan por defecto.

Otra de las medidas del tamaño del efecto más utilizadas es la estimación del índice omega al cuadrado ω^2 de Hayes (1988) cuyo valor depende del tipo de modelo planteado y sus supuestos. Si se asume el modelo aditivo la variabilidad total depende de la suma de la variabilidad debida al factor, a los sujetos y a los errores aleatorios y se calcula mediante:

$$\hat{\omega}^2 = \frac{SCI - (J-1)\,MCE}{SCT + MCP} \tag{31}$$

Sin embargo, si se asume un modelo no aditivo, hay que añadir la variabilidad debida a la interacción entre sujetos y tratamientos. Esto tiene el problema de que el denominador del cociente suma más que la variabilidad total con lo que el valor de ω^2 queda ligeramente infraestimado. Una alternativa para solucionar este problema consiste en aplicar la siguiente fórmula:

$$\tilde{\omega}^2 = \frac{SCI - (J-1)\,MCE}{SCT + MCP + (n_j)MCE}$$

De las medidas propuestas la más recomendable es ω^2 pues puede aplicarse en múltiples diseños experimentales (Maxwell, Camp y Arvey, 1980). En nuestro ejemplo, el valor de eta cuadrado es $\eta^2 = 0.567$ mientras que el de omega al cuadrado, al tratarse de un modelo aditivo y aplicando la fórmula (31) resulta $\hat{\omega}^2 = 0.4967$. Por tanto, aproximadamente el 50% de la variabilidad de la respuesta afectiva hacia el perfume se asocia con el grado de concentración de aroma de éste.

3.9. Las comparaciones múltiples

Si se rechaza la hipótesis nula del ANOVA además de estudiar el grado de asociación que existe entre la variable independiente y la dependiente lo razonable es comprobar entre qué medias existen diferencias. La forma de proceder en las comparaciones múltiples entre medias en el ANOVA-MR es la misma que en el modelo completamente aleatorizado (véase Pardo y San Martín, 1999, págs. 287-317 para una revisión completa sobre las comparaciones múltiples). Sin embargo, esto sólo es así en caso de que se cumpla el supuesto de la esfericidad; esto es, si $\varepsilon \approx 1$. En la práctica es difícil que esto ocurra. Por tanto, si las varianzas en el contraste son diferentes no es apropiado utilizar el *MCE* del ANOVA general y se recomienda obtener el MCE_i correspondiente a cada una de las i comparaciones consideradas (Keselman, 1982; Keselman y Keselman, 1987; Keselman, Keselman y Shaffer, 1991).

En las *comparaciones a priori* se estudian las diferencias entre medias antes de proceder con el contraste de hipótesis del ANOVA-MR general. Pueden plantearse diferentes tipos de comparaciones (por pares, grupos, etc.). Cada comparación se concibe como si fuera una combinación lineal, siendo la hipótesis planteada:

$H_{0\,(h)}: L(h) = \sum c_j \mu_{+j} = 0;$ Los j promedios comparados son iguales

$H_{1\,(h)}: L(h) = \sum c_j \mu_{+j} \neq 0;$ Los promedios difieren significativamente entre sí

Donde $L(h)$ es la h-ésima comparación entre las medias poblacionales; y c_j los coeficientes del contraste sobre la comparación, los cuales han de verificar dos condiciones: 1) al menos hay un $c_j \neq 0$; y 2) $\sum c_j = 0$.

En caso de que los contrastes L(h) sean ortogonales se cumple que $\sum c_{1j}\, c_{2j} = 0$. La utilidad de estos contrastes es que no contienen información redundante, por lo que ninguno de ellos se solapa con los restantes. Solamente puede haber J - 1 comparaciones ortogonales y su contraste se realiza mediante el estadístico F_h:

$$F_h = \frac{SC(\hat{L}_h)}{MCE_i};$$ F_h se distribuye con 1 y $(J - 1)(n - 1)$ grados de libertad

Donde: $$SC(\hat{L}_h) = \frac{(\hat{L}_h)^2}{\sum_j c_j / n}$$ y $\hat{L}_h = \sum c_j \overline{Y}_{+j}$

Para rechazar la hipótesis nula y concluir que existen diferencias significativas entre las j medias comparadas en cada contraste es necesario que el estadístico F_h sea significativo. En caso de que los contrastes no sean ortogonales es preciso realizar una corrección Bonferroni en el nivel de significación α utilizado en cada comparación para evitar aumentos del error tipo I (Keppel, 1982).

En las *comparaciones a posteriori* las diferencias entre medias se estudian tras rechazar la hipótesis nula del ANOVA general. Los métodos de comparaciones múltiples más utilizados son la prueba de Tukey (1953) y de Scheffé (1959).

En la prueba de Tukey se realizan comparaciones entre pares de medias. Por tanto, la hipótesis planteada es: $H_{0\,(h)}$: $L(h) = \mu_{+j} - \mu_{+j'} = 0$. Para decidir si la diferencia entre los pares de medias es significativa es necesario que:

$$\left| \hat{L}_h \right| = \left| \overline{Y}_{+j} - \overline{Y}_{+j'} \right| > DMS_{\text{Tukey}}$$

Donde: $DMS_{\text{Tukey}} = {}_{1\text{-}\alpha}q_{p,\,(J-1)(n-1)} \sqrt{MCE_i / n}$

q es el modelo de distribución de rango studentizado con p y $(J-1)(n-1)$ grados de libertad, siendo p el número de medias consideradas en el contraste (*vid.* Monografía de Tablas Estadísticas).

En la prueba de Scheffé puede realizarse cualquier tipo de comparación. El procedimiento es similar al de Tukey, aunque en este caso pueden considerarse más de dos medias y se decide si la diferencia entre éstas es significativa cuando:

$$\left| \hat{L}_h \right| > DMS_{\text{Scheffé}}$$

Donde: $DMS_{\text{Scheffé}} = \sqrt{(J-1)\ F_{J-1,\,(J-1)(n-1)}}\ \sqrt{MCE_i\ \sum_j c_j / n}$

El uso tanto de la prueba de Tukey como la de Scheffé en diseños de medidas repetidas solamente es posible cuando se cumplen todos los supuestos (incluido el de esfericidad) y la muestra empleada es suficientemente grande. En caso contrario, es preferible estudiar las comparaciones por pares de medias utilizando la prueba T y ajustando la tasa de error por comparación mediante el procedimiento de Dunn-Bonferroni (Keselman, 1980). Los paquetes informáticos, como SPSS, dan esta opción en el cuadro de diálogo de los modelos de medidas repetidas.*

---

* Para consultar los resultados de las comparaciones entre pares de medias con los datos del ejemplo ir el apartado 3.11.

3.10. Las comparaciones de tendencia

Si los J niveles de la variable independiente analizada son cuantitativos y se ha rechazado la hipótesis nula del ANOVA, puede resultar interesante conocer *el tipo* de relación que existe entre la variable independiente y la dependiente. Por ejemplo, si los valores de la variable dependiente aumentan conforme aumentan los de la independiente, la relación será de tipo lineal. Sin embargo, si ocurre esto mismo pero se llega a un punto a partir del cual el aumento en los valores de la variable independiente se corresponde con una disminución en los de la dependiente, la relación es de tipo cuadrática. La tendencia de la relación entre ambas variables puede ser de primer, segundo y hasta $J-1$ grado.

Una primera aproximación al estudio de la tendencia es mediante la representación gráfica de la relación entre las variables. La figura 3 muestra la relación entre las variables del ejemplo empleado en este apartado.

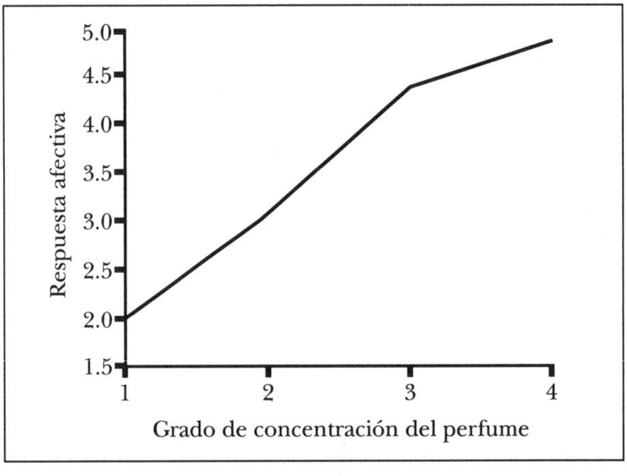

Figura 3. *Representación gráfica de la relación entre el grado de concentración del perfume y la respuesta afectiva hacia el mismo.*

La forma de estudiar las comparaciones de tendencia es muy similar a la seguida en las comparaciones planeadas. En este caso las hipótesis planteadas también son del tipo: H_0: $L(h) = \sum c_j \mu_{+j} = 0$ y hay $J-1$ hipótesis independientes, una para cada tipo de tendencia. La única diferencia es que en este caso los c_j son coeficientes de polinomios ortogonales y se obtienen consultando tablas (*vid.* Monografía de Tablas Estadísticas). En nuestro ejemplo, como $J = 4$ los coeficientes correspondientes son:

$$c_j = \begin{bmatrix} -3 & -1 & 1 & 3 \\ 1 & -1 & -1 & 1 \\ -1 & 3 & -3 & 1 \end{bmatrix}$$

Para contrastar la hipótesis sobre cada una de las h tendencias se emplea el estadístico:

$$F_h = \frac{SC(\hat{L}_h)}{MCE_i}$$

F_h se distribuye según el modelo F con 1 y $(n - 1)$ grados de libertad.

En nuestro ejemplo, como $J = 4$ podemos plantear tres tipos de hipótesis ortogonales sobre la tendencia de la relación entre las variables: lineal, cuadrática y cúbica. Los resultados del ejemplo para los contrastes sobre los tres tipos de tendencia se resumen en la tabla 7.

TABLA 7. *Comparaciones de tendencia.*

Tendencia	*SC*	*g.l.*	*MC*	*F*	Significación	η^2
Lineal	97.023	1	97.023	73.676	0.000	0.794
Error	25.227	19	1.328			
Cuadrático	1.5125	1	1.5125	1.534	0.231	0.075
Error	18.738	19	0.986			
Cúbico	1.1025	1	1.1025	0.652	0.430	0.033
Error	32.147	19	1.692			

Como se observa, la relación lineal es la única que ha resultado significativa. Estos resultados eran previsibles a la vista de la figura 3 y del valor de η^2 para cada tendencia. Por tanto, la relación entre el grado de concentración de perfume y la respuesta afectiva hacia el mismo puede describirse mediante el modelo lineal; esto es, a mayor concentración del perfume mejora la respuesta afectiva hacia el mismo.

3.11. EL ANOVA DE UN FACTOR CON MEDIDAS REPETIDAS EN EL SPSS 7.5.

En SPSS, el procedimiento del *Modelo Lineal General de Medidas Repetidas* (MLG-MR) lleva a cabo un análisis de varianza cuando se ha tomado una misma medida varias veces en una muestra de sujetos o casos. Mediante este procedimiento es posible contrastar las hipótesis nulas sobre los efectos de factores tanto de tipo intra-sujetos como inter-sujetos. En este apartado se ofrece una visión general del uso de la opción MLG-MR pero sólo se profundiza sobre la forma de proceder en lo revisado hasta el momento; esto es, en los modelos de medidas repetidas con un factor intra-sujetos.

Para obtener un análisis de varianza con medidas repetidas, hay que elegir en el menú que aparece en la figura 4:

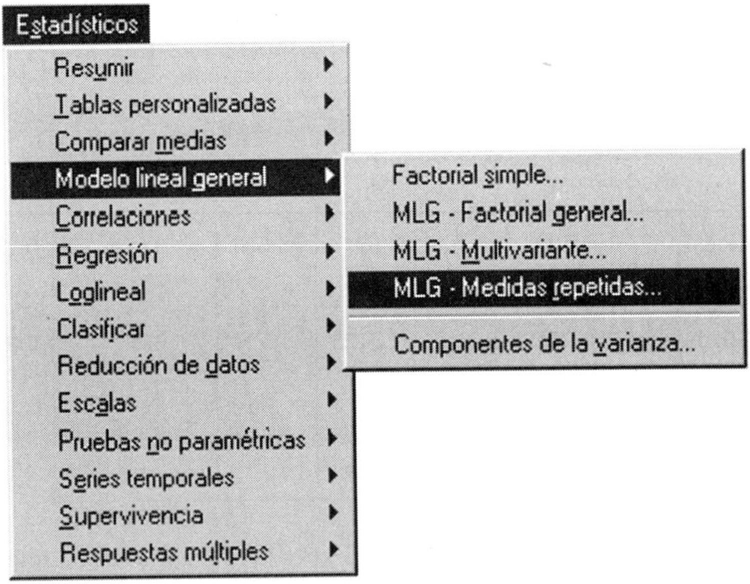

FIGURA 4. *Menú de la función Modelo Lineal General.*

Una vez seleccionada la opción MLG-Medidas repetidas aparece el cuadro de diálogo en el que se definen los factores intra-sujetos (ver figura 5). Estos factores no son variables existentes en el fichero de datos, sino que se definen aquí. Se escribe un nombre para cada uno de los factores intra-sujetos (por defecto el nombre del primero es factor1) y su número de niveles y se pulsa en *Añadir*. La figura 5 muestra la definición del factor intra-sujetos (con cuatro niveles) de nuestro ejemplo.

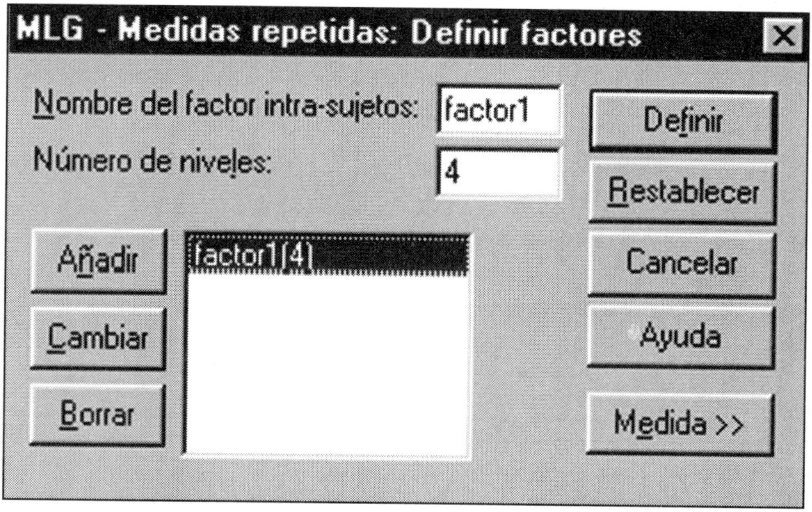

FIGURA 5. *Menú de definición de factores intra-sujetos.*

A continuación se hace clic en *Definir* para especificar los niveles del factor intra-sujetos y aparece el cuadro de diálogo general del modelo de medidas repetidas (ver figura 6). En este cuadro de diálogo se especifican los factores del modelo definidos en el cuadro de diálogo previo. Se pueden incluir factores intra-sujetos, covariables y factores inter-sujetos. En nuestro ejemplo, la especificación del factor intra-sujetos aparece en la figura 6. Tan sólo tenemos un factor intra-sujetos con cuatro niveles definidos como variables en el editor de datos (a1, a2, a3 y a4), los cuales se asignan al cuadro de variables intra-sujetos.

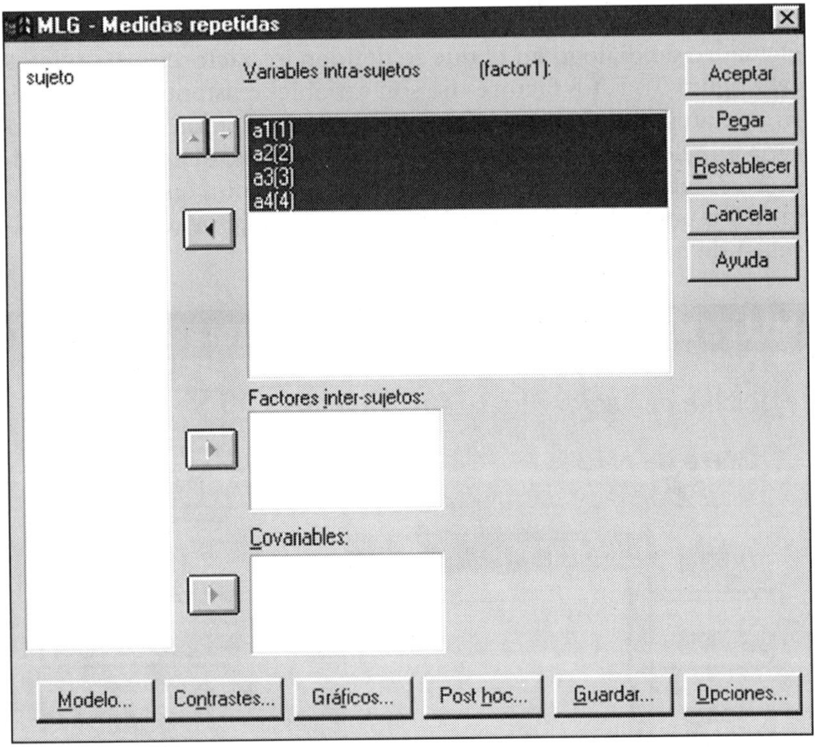

FIGURA 6. *Menú principal del modelo lineal general de medidas repetidas.*

Una vez definidos los niveles de la variable intra-sujetos este cuadro de diálogo permite seleccionar diferentes opciones para el análisis. A continuación se revisan los cuadros de diálogos correspondientes a cada una de ellas.

a) *Opción "Modelo"*

Si se hace clic en *Modelo* aparece el cuadro de diálogo que se muestra en la figura 7. En este menú se puede especificar el tipo de modelo a evaluar. La opción por defecto es la del '*modelo factorial completo*' que contiene todos los efectos principales de los factores, las covariables y las interacciones factor por factor, pero no las de las covariables. Si se desea cambiar las opciones hay que seleccionar '*personalizado*' para especificar sólo un subgrupo de interacciones o interacciones de factor por covariable. En esta opción se puede indicar los efectos fundamentales y las interacciones que sean de interés para el análisis haciendo clic en la flecha de construir términos y trasladando las posibles opciones: 'intersección', 'interacción', 'efectos principales', 'interacciones dobles, triples, cuádruples y quíntuples'. En nuestro ejemplo como solamente tenemos un factor nos interesa su efecto principal sobre la variable dependiente, por lo que la opción por defecto es la adecuada.

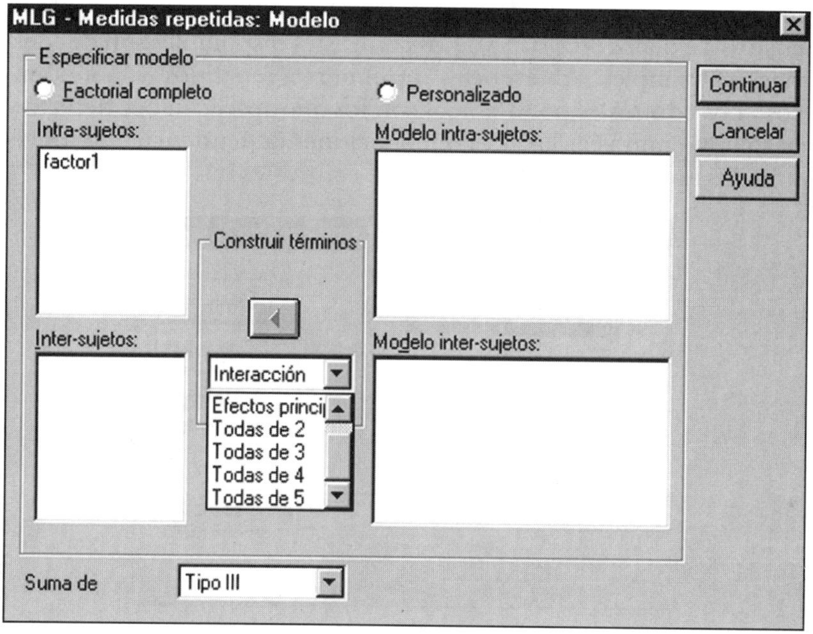

FIGURA 7. *Cuadro de diálogo de la opción 'modelo'.*

En este cuadro de diálogo también se puede especificar el método para obtener las *sumas de cuadrados* en el modelo. Se puede elegir hasta cuatro tipos de métodos, siendo el que aparece por defecto el método Tipo III que calcula las sumas de cuadrados corregidas de un efecto respecto a otro efecto cualquiera que no lo contenga y cualquier efecto ortogonal (si existe) que lo contenga (para ver una descripción detallada de cada una de las sumas de cuadrados hacer clic en 'ayuda').

b) *Opción "Contrastes"*

Se utiliza para contrastar diferencias entre los niveles de un factor. Se puede especificar un contraste para cada factor en el modelo. El cuadro de diálogo que aparece en esta opción es el correspondiente a la figura 8. Los contrastes representan las combinaciones lineales de los parámetros. Se basan en la hipótesis nula LBM = 0,* donde L es la matriz de coeficientes de contraste, B es el vector de parámetros y M es la matriz correspondiente a la transformación promedio para la variable dependiente (M puede obtenerse desde el cuadro de diálogo *Opciones*). Los contrastes disponibles son de 'desviación', 'simples', 'diferencias', 'Helmert', 'repetidos' y 'polinómicos'. Los contrastes polinómicos son los que aparecen por defecto y permiten contrastar las J- 1 comparaciones de tendencia. En los resultados aparecen como 'pruebas de contrastes intra-sujetos'.

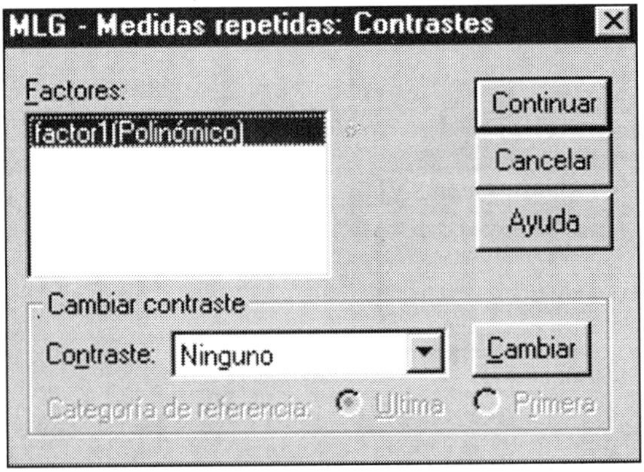

FIGURA 8. *Cuadro de diálogo de la opción 'Contrastes'.*

Cuando se especifica un contraste, SPSS crea una matriz L de modo que las columnas correspondientes al factor inter-sujetos coincidan con el contraste. El resto de las columnas se ajustan para que la matriz L pueda estimarse. En nuestro ejemplo, tenemos un factor intra-sujetos de cuatro niveles por lo que la matriz M será (0.5 0.5 0.5 0.5) y se contrastan tres hipótesis sobre la tendencia de la relación entre las variables.

---

* LBM coincide con la hipótesis sobre $L(h) = \sum c_j \mu_{+j} = 0$ de las comparaciones múltiples.

c) *Opción "Gráficos"*

Permite elaborar representaciones gráficas de la relación entre variables (ver figura 9). Los gráficos de perfil o de interacción son útiles para comparar las medias marginales en el modelo.

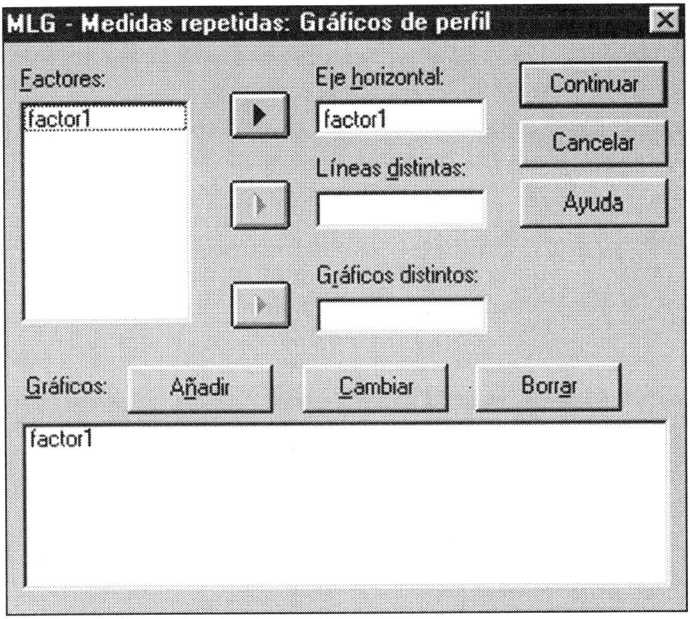

FIGURA 9. *Cuadro de diálogo de la opción 'gráficos'.*

Un gráfico de perfil de un factor muestra si las medias marginales estimadas aumentan o disminuyen a través de los niveles. Cada punto indica la media marginal estimada de una variable dependiente en un nivel de un factor. Después de especificar un gráfico asignando factores para el eje horizontal y, de manera opcional, factores para líneas diferentes y gráficos diferentes, se añade el gráfico a la lista de gráficos. En este apartado solo se ha considerado un factor por lo que puede trasladarse al eje horizontal y añadirse a la lista de gráficos (ver figura 9).

d) *Opción "Comparaciones Post Hoc"*

Una vez se ha determinado que la prueba F del ANOVA es significativa, las comparaciones múltiples a posteriori (o post hoc) pueden determinar qué medias difieren entre sí. Estas pruebas sólo se utilizan para factores inter-sujetos fijos por lo que no tienen objeto ni están activas en el menú para el diseño revisado en este apartado.*

e) *Opción "Guardar"*

Desde este cuadro de diálogo se pueden guardar 'valores pronosticados' por el modelo, los 'residuos' y las 'medidas relacionadas' como variables nuevas en el Editor de datos. Muchas de estas variables se pueden utilizar para examinar supuestos sobre los datos. El cuadro de diálogo correspondiente aparece en la figura 10.

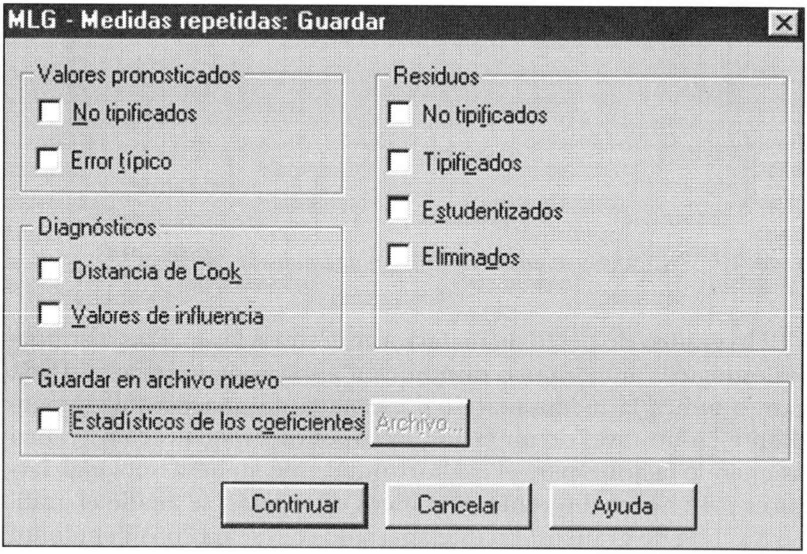

FIGURA 10. *Cuadro de diálogo de la opción 'guardar'.*

---

* Este cuadro de diálogo será analizado en detalle en el apartado 4.2. de modelos de dos factores mixtos.

Para guardar los valores para su uso en otra sesión de SPSS, ha de hacerse en el archivo de datos actual. Si se guardan en un archivo nuevo se obtiene como resultado una matriz varianza-covarianza de las estimaciones de los parámetros en el modelo; y una fila de estimaciones de los parámetros, una fila de valores de significación para los estadísticos *t* correspondientes a las estimaciones de parámetros y una fila de grados de libertad de los residuos para cada variable dependiente.

f) *Opción "Opciones"*

Este cuadro de diálogo ofrece tres funciones fundamentales: 1) estimación de medias marginales para los factores del modelo y comparaciones por pares (pruebas T) entre sus niveles; 2) cálculo de estadísticos, parámetros y matrices opcionales; y 3) pruebas de comprobación de supuestos (ver figura 11). No todas las funciones están disponibles en todos los modelos.

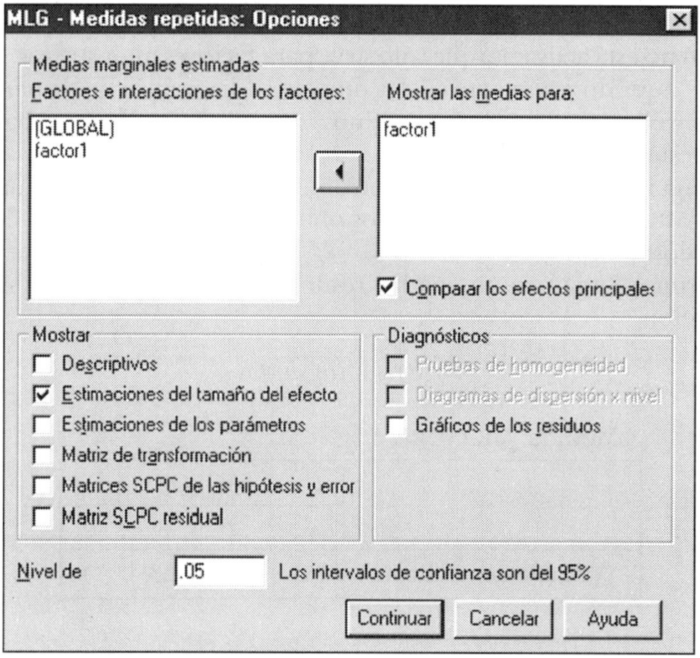

FIGURA 11. *Cuadro de diálogo de la opción 'opciones'.*

En la opción de *Medias marginales estimadas* se seleccionan los factores e interacciones para los que desea estimar las medias marginales poblacionales de las casillas. En esta opción es donde debe indicarse si se desea realizar pruebas T para la comparación de pares de medias. Para ello se traslada el factor1 al cuadro de 'Mostrar medias para' y se activa la opción 'comparar los efectos principales'.

En la opción *Mostrar,* la opción 'descriptivos' ofrece medias observadas, desviaciones típicas y recuentos de todas las variables dependientes de las casillas. La opción 'estimaciones del tamaño del efecto' ofrece un valor de eta cuadrado parcial para cada efecto y para cada estimación de parámetros. La opción 'estimaciones de los parámetros' genera estimaciones de los parámetros, errores típicos, pruebas *t,* intervalos de confianza y la potencia observada para cada prueba. Finalmente las tres últimas ofrecen tres tipos de matrices: la matriz de transformación M para los contrastes seleccionados y las matrices de sumas de cuadrados y productos cruzados (SCPC) para los elementos del modelo.

Por último la opción *Diagnósticos* ofrece la 'prueba de homogeneidad de varianzas' de Levene para cada variable dependiente a través de todas las combinaciones de los factores inter-sujetos, y en este menú no está activa porque sólo sirve para factores inter-sujetos. Pese a que aquí no estén activos, las opciones 'diagramas de dispersión por nivel' y 'gráficos de los residuos' son útiles para comprobar los supuestos sobre los datos.

Una vez seleccionadas las opciones se puede ejecutar el análisis MLG-MR y observar los resultados obtenidos en el navegador de resultados:*

Primero aparece un cuadro resumen con la especificación del modelo:

Factores intra-sujetos

Medida: MEASURE_1

	FACTOR1			
	1	2	3	4
Variable dependiente	A1	A2	A3	A4

* Estos resultados son la resolución del mismo ejemplo empleado en este apartado.

A continuación aparecen los estadísticos correspondientes a los contrastes multivariados del modelo:

Contrastes multivariados[c]

	Efecto			
	FACTOR1			
	Traza de Pillai	*Lambda de Wilks*	*Traza de Hotelling*	*Raíz mayor de Roy*
Valor	0.837	0.163	5.138	5.138
F	29.113[b]	29.113[b]	29.113[b]	29.113[b]
Gl de la hipótesis	3.000	3.000	3.000	3.000
Gl del error gl	17.000	17.000	17.000	17.000
Sig.	0.000	0.000	0.000	0.000
Eta cuadrado	0.837	0.837	0.837	0.837
Parámetro de no centralidad	87.338	87.338	87.338	87.338
Potencia observada[a]	1.000	1.000	1.000	1.000

a. Calculado con alfa = 0.05
b. Estadístico exacto
c. Diseño: Intercept
Diseño intra sujetos: FACTOR1

Los contrastes multivariados son apropiados cuando no se cumple el supuesto de la esfericidad. SPSS proporciona información sobre la T de Hotelling, que fue explicada en detalle en el apartado 3.7.*c*) y sobre otros tests multivariados. Por ejemplo, la *traza de Pillai*, cuyo valor puede transformarse para que se aproxime a un estadístico F; la *lambda de Wilks*, que toma valores entre 0 y 1, donde los valores próximos a 0 indican que las medias de los grupos son diferentes y los valores próximos a 1 lo contrario; y la *raíz mayor de Roy*, cuyo estadístico representa el mayor autovalor. Todos los contrastes proporcionan una F que si resulta significativa permite que se rechace la hipótesis nula del MANOVA.

En nuestro ejemplo no se viola el supuesto de esfericidad, por lo que esta prueba no resultaría necesaria. No obstante, los resultados de todos los contrastes apoyan el rechazo de la hipótesis nula lo que indica que las medias difieren significativamente entre sí ($p < 0.0001$).

A continuación aparece la comprobación del supuesto de esfericidad mediante la prueba de Mauchly (1940):

Prueba de esfericidad de Mauchly[b]

Medida: MEASURE_1

		Efecto intra-sujetos
		FACTOR1
W de Mauchly		0.681
Chi-cuadrado aprox.		6.804
gl		5
Sig.		0.236
Epsilon[a]	*Greenhouse-Greiser*	0.782
	Huynh-Feldt	0.899
	Límite-inferior	0.333

Contrasta la hipótesis nula de que la matriz de covarianza de error de las variables dependientes transformadas es proporcional a una matriz de identidad.

a. Se puede utilizar para ajustar los grados de libertad de las pruebas de significación promediados.

b. Diseño: Intercept
Diseño intra sujetos: FACTOR1

Esta prueba se corresponde con las fórmulas (25) y (26) de Mauchly y las fórmulas (27) y (28) de las pruebas $\hat{\varepsilon}$ y $\tilde{\varepsilon}$ de estimación del parámetro *épsilon* y evita los cálculos matriciales laboriosos llevados a cabo en el apartado de comprobación del supuesto de esfericidad. Como se observa, puesto que el estadístico $W = 0.681$ no es significativo ($p = 0.236$), se mantiene la hipótesis nula sobre la esfericidad. En cuanto a las estimaciones del parámetro ε están más próximas a 1 que a 0.333, por lo que puede concluirse que el supuesto de esfericidad se cumple.

Lo siguiente que aparece son los principales resultados del ANOVA global, organizados en tres tablas separadas:

1. En primer lugar se resumen los efectos del factor intra-sujetos (α_j) y la fuente de variación error (E_{ij}) para el modelo total:

Pruebas de efectos intra-sujetos

Medida: MEASURE_1
Esfericidad asumida

Fuente	Suma de cuadrados tipo III	gl	Media cuadrática	F	Sig.	Eta cuadrado
FACTOR1	99.638	3	33.213	24.873	0.000	0.567
Error (FACTOR1)	76.112	57	1.335			

Estos resultados se corresponden con los de las fuentes de variación intra-sujetos (*I*) y error (*E*) de la tabla 5. Como se observa el estadístico $F = 24.87$ es significativo, lo que indica que se rechaza la hipótesis nula del ANOVA-MR general y que el factor1 (grado de concentración del perfume) afecta a la variable dependiente (respuesta afectiva hacia el perfume). Esta tabla también informa sobre el tamaño del efecto de la variable independiente sobre la dependiente ($\eta^2 = 0.567$).

2. A continuación aparecen los resultados de las comparaciones de tendencia para cada hipótesis y sus correspondientes términos error, MCE_i:

Pruebas de contrastes intra-sujetos

Medida: MEASURE_1

Fuente	Variable transformada	Suma de cuadrados tipo III	gl	MC	F	Sig.	Eta cuadrado
FACTOR1	FACTOR1_1	97.023	1	97.203	73.072	0.000	0.794
	FACTOR1_2	1.512	1	1.512	1.534	0.231	0.075
	FACTOR1_3	1.102	1	1.102	0.652	0.430	0.033
Error (FACTOR1)	FACTOR1_1	25.227	19	1.328			
	FACTOR1_2	18.738	19	0.986			
	FACTOR1_3	32.147	19	1.692			

Esta información se corresponde con la tabla 7 del apartado comparaciones de tendencia. En este caso, la columna 'variable transformada' se refiere a cada uno de los contrastes sobre la tendencia de la relación (1_1: lineal, 1_2: cuadrática, 1_3: cúbica). Como se observa, el único contraste cuya F ha resultado significativa es el de la tendencia lineal. Asimismo, el tamaño del efecto lineal ($\eta^2 = 0.794$) es notablemente mayor al de los restantes contrastes, donde $\eta^2 < 0.08$.

3. Por último aparecen los resultados de la hipótesis sobre los efectos debidos a los sujetos (P_i):

Pruebas de los efectos inter-sujetos

Medida: MEASURE_1
Variable transformada: Promedio

Fuente	Suma de cuadrados tipo III	gl	Media cuadrática	F	Sig.	Eta cuadrado
Intercept	1015.313	1	1015.313	1210.412	0.000	0.985
Error	15.937	19	0.839			

Estos resultados se corresponden con los datos de la tabla 5 donde $SCP = 15.94$ y reflejan información sobre la hipótesis de los efectos debidos a los sujetos.

Tal y como se ha especificado, lo siguiente que aparece es la estimación de las medias marginales y la comparación entre pares de medias mediante la prueba T:

Estimaciones

Medida: MEASURE_1

	FACTOR1			
	1	2	3	4
Media	2.00	3.05	4.35	4.85
Error típ.	0.218	0.198	0.274	0.284

Comparaciones por pares

Medida: MEASURE_1

(I) FACTOR1	(J) FACTOR1	Diferencia entre medias (I-J)	Error típ.	Sig.	Intervalo de confianza al 95%	
					Límite inferior	Límite superior
1	2	-1.05*	0.312	0.003	-1.703	-0.397
	3	-2.35*	0.302	0.000	-2.981	-1.719
	4	-2.85*	0.412	0.000	-3.713	-1.987
2	3	-1.30*	0.363	0.002	-2.061	-0.539
	4	-1.80*	0.321	0.000	-2.472	-1.128
	1	1.05*	0.312	0.003	0.397	1.703
3	2	1.30*	0.363	0.002	0.539	2.061
	4	-0.50*	0.456	0.287	-1.454	0.454
	1	2.35*	0.302	0.000	1.719	2.981
4	2	1.80*	0.321	0.000	1.128	2.472
	3	0.50*	0.456	0.287	-0.454	1.454
	1	2.85*	0.412	0.000	1.987	3.713

* La diferencia de las medias es significativa al nivel 0,05.

Como se observa en los resultados las diferencias entre los tipos de concentración de perfume son significativas al cinco por 100 en todos los pares de grupos excepto en los dos últimos (el a3 y el a4). Por tanto, todas las concentraciones del perfume difieren significativamente entre sí excepto las dos últimas, las de mayor concentración de aroma, que producen los mismos efectos sobre la respuesta afectiva hacia el perfume.

Finalmente, en el navegador de resultados aparece el gráfico de perfil especificado para el factor intra-sujetos:

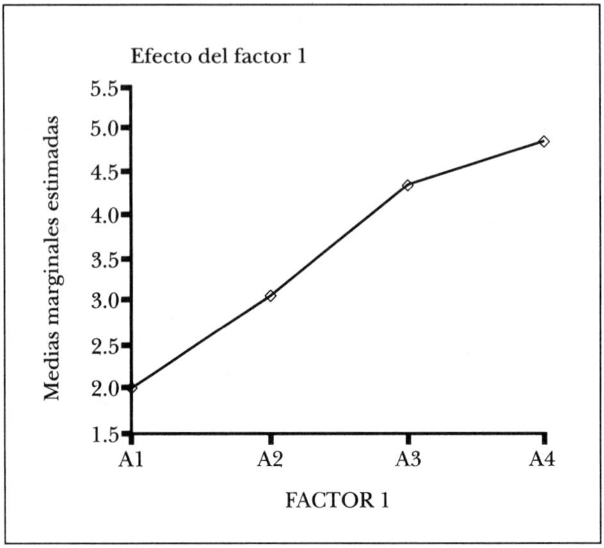

Como se observa en la gráfica, la tendencia de la relación entre las variables es lineal, ocurriendo que a medida que aumenta el grado de concentración de perfume, la respuesta afectiva hacia el mismo es más positiva. En los grados de concentración más elevados (1500ppm y 2000 ppm) el efecto se estabiliza y, como indicaron los resultados de las comparaciones por pares de medias, no existen diferencias significativas entre ellos.

La opción '*Modelo lineal general de medidas repetidas*' permite llevar a cabo análisis de varianza con uno, con dos o con más factores de tipo intra-sujetos y también con modelos mixtos en los que se incluye tanto factores intra-sujetos como inter-sujetos. Como veremos más adelante, las opciones para los modelos de dos factores son muy similares a las revisadas en este apartado.

4

EL MODELO DE ANÁLISIS DE VARIANZA DE DOS FACTORES CON MEDIDAS REPETIDAS

En el anterior apartado hemos visto el modelo de ANOVA de medidas repetidas más sencillo, aquel que sólo incluye un factor por cuyos J niveles pasan los n sujetos de la muestra. Sin embargo, las medidas repetidas también pueden aparecer en otros diseños experimentales más complejos, como por ejemplo en aquellos que incluyen dos factores (A y B). Aquí nos referiremos a los niveles de cada factor mediante J para el factor A y mediante K para el factor B. Los modelos de ANOVA de dos factores permiten determinar no sólo si cada uno de los factores afecta a la variable dependiente por separado sino si la interacción entre ambos modifica dicho efecto. En estos modelos el orden de administración de las JK combinaciones de tratamientos es aleatorizado independientemente para cada uno de los sujetos de la muestra.

Una de las cuestiones que ha de considerarse en los modelos de ANOVA-MR de dos factores se refiere a si las medidas repetidas se dan en los dos factores o tan solo en uno, aspecto que trataremos separadamente dentro de este apartado. Para ello emplearemos un esquema similar al seguido en el modelo de un factor: estructura de los datos y notación, especificación del modelo y supuestos, estadístico de contraste y comparaciones múltiples. Comenzaremos con el modelo de medidas repetidas en los dos factores.

4.1. MEDIDAS REPETIDAS EN LOS DOS FACTORES

La situación que conlleva la recogida de datos en las JK combinaciones de los tratamientos de dos factores empleando la misma muestra de sujetos es poco frecuente aunque ha sido empleada en algunas áreas de las ciencias sociales como la del aprendizaje y atención. En este modelo se asume que los n sujetos de la muestra pasan por todas las JK combinaciones posibles de tratamientos.

a) *Estructura de los datos y notación*

A un grupo de n sujetos se le toman J medidas en un factor (A) y K medidas en otro factor (B) fijadas por el investigador (*efectos fijos*). Es decir, los n sujetos pasan por todos y cada uno de los niveles del factor A y del factor B y la muestra total (N) está compuesta por nJK puntuaciones.

En la tabla 8 aparece la disposición de los datos y la notación utilizada para referirnos a ellos.

TABLA 8. *Estructura de los datos y notación en un modelo de ANOVA de dos factores, de efectos fijos, con medidas repetidas en ambos factores.*

	A_1			. . . A_j			. . . A_J		
Sujetos:	B_1 . . .	B_k . . .	B_K	B_1 . . .	B_k . . .	B_K	B_1 . . .	B_k . . .	B_K
P_1	Y_{111} . . .	Y_{11k} . . .	Y_{11K}	Y_{1j1} . . .	Y_{1jk} . . .	Y_{1jK}	Y_{1J1} . . .	Y_{1Jk} . . .	Y_{1JK}
P_2	Y_{211} . . .	Y_{21k} . . .	Y_{21K}	Y_{2j1} . . .	Y_{2jk} . . .	Y_{2jK}	Y_{2J1} . . .	Y_{2Jk} . . .	Y_{2JK}
⋮	⋮ . . .	⋮ . . .	⋮	⋮ . . .	⋮ . . .	⋮	⋮ . . .	⋮ . . .	⋮
P_i	Y_{i11} . . .	Y_{i1k} . . .	Y_{i1K}	Y_{ij1} . . .	Y_{ijk} . . .	Y_{ijK}	Y_{iJ1} . . .	Y_{iJk} . . .	Y_{iJK}
⋮	⋮ . . .	⋮ . . .	⋮	⋮ . . .	⋮ . . .	⋮	⋮ . . .	⋮ . . .	⋮
P_n	Y_{n11} . . .	Y_{n1k} . . .	Y_{n1K}	Y_{nj1} . . .	Y_{njk} . . .	Y_{njK}	Y_{nJ1} . . .	Y_{nJk} . . .	Y_{nJK}

Los niveles del factor A están representados por $A_1, A_2, \ldots, A_j, \ldots, A_J$; siendo la notación genérica para estos niveles A_j. Por tanto, j es el subíndice que utilizaremos para referirnos a cualquiera de los distintos niveles del factor A (donde $j = 1, 2, \ldots J$). De la misma forma, los niveles del factor B están representados por $B_1, B_2, \ldots, B_k, \ldots, B_K$;

siendo la notación genérica para estos niveles B_k y k el subíndice que utilizaremos para referirnos a cualquiera de los distintos niveles del factor B (donde $k = 1, 2, \ldots, K$).

Los sujetos están representados mediante $P_1, P_2, \ldots, P_i, \ldots, P_n$; siendo P_i la notación genérica para los sujetos e i el subíndice que utilizaremos para referirnos a cualquiera de los sujetos de la muestra (donde $i = 1, 2, \ldots n$).

Y_{ijk} se refiere a la puntuación obtenida en la variable dependiente Y por el sujeto i en el nivel j del factor A y el nivel k del factor B (es decir bajo la combinación de tratamientos jk). Por ejemplo Y_{232} representaría la puntuación obtenida por el sujeto 2 en el nivel 3 del factor A y el nivel 2 del B.

Sumando las puntuaciones de las casillas obtenemos los siguientes totales y medias:

$$T = \sum_i \sum_j \sum_k Y_{ijk} \qquad \overline{Y} = \frac{T}{nJK}$$

$$T_{+j+} = \sum_i \sum_k Y_{ijk} \qquad \overline{Y}_{+j+} = \frac{T_{+j+}}{nK}$$

$$T_{++k} = \sum_i \sum_j Y_{ijk} \qquad \overline{Y}_{++k} = \frac{T_{++k}}{nJ}$$

$$T_{i++} = \sum_j \sum_k Y_{ijk} \qquad \overline{Y}_{i++} = \frac{T_{i++}}{JK}$$

$$T_{ij+} = \sum_k Y_{ijk} \qquad \overline{Y}_{ij+} = \frac{T_{ij+}}{K}$$

$$T_{i+k} = \sum_j Y_{ijk} \qquad \overline{Y}_{i+k} = \frac{T_{i+k}}{J}$$

$$T_{+jk} = \sum_i Y_{ijk} \qquad \overline{Y}_{+jk} = \frac{T_{+jk}}{n}$$

b) *Modelo y supuestos*

El modelo de ANOVA de dos factores con medidas repetidas es una versión del modelo lineal general adaptado al caso en el que hay dos variables independientes medidas en una misma muestra de sujetos. ***El modelo aditivo*** asume que no existe interacción entre los i sujetos y los jk tratamientos y describe la puntuación de cada sujeto en la variable dependiente, Y_{ijk}, a partir de los siguientes componentes:

$$Y_{ijk} = \mu + \alpha_j + \beta_k + (\alpha\beta)_{jk} + P_i + E_{ijk} \qquad (32)$$

Puesto que el modelo de ANOVA de dos factores con medidas repetidas se justifica sólo si la interacción entre los i sujetos y los jk tratamientos puede demostrarse estadísticamente, en este caso ***el modelo no aditivo*** suele considerarse más adecuado ya que asume esta interacción (Kirk, 1982).

En el modelo no aditivo las fuentes de variación atribuibles a la puntuación Y_{ijk} son las siguientes:

$$Y_{ijk} = \mu + \alpha_j + \beta_k + (\alpha\beta)_{jk} + P_i + (P\alpha)_{ij} + (P\beta)_{ik} + (P\alpha\beta)_{ijk} + E_{ijk} \qquad (33)$$

Donde:

1. Y_{ijk} es la puntuación obtenida en la variable Y por el sujeto i en el tratamiento j del factor A y el tratamiento k del factor B (o en la combinación jk).
2. μ es un parámetro cuyo valor representa la media total o la parte de Y_{ijk} que todos los sujetos tienen en común, y se calcula mediante:

$$\mu = \frac{\sum \mu_{+jk}}{JK}$$

3. El parámetro α_j representa el efecto propio del j-ésimo nivel del factor A o el efecto atribuible al tratamiento j bajo el que se obtiene la puntuación Y_{ijk}:

$$\alpha_j = \mu_{+j+} - \mu$$

4. El parámetro β_k representa el efecto propio del *k*-ésimo nivel del factor *B* o el efecto atribuible al tratamiento *k* bajo el que se obtiene la puntuación Y_{ijk}:

$$\beta_k = \mu_{++k} - \mu$$

5. $(\alpha\beta)_{jk}$ representa el efecto de la interacción entre el nivel *j* del factor *A* y el nivel *k* del factor *B* o el efecto atribuible a la interacción entre los tratamientos *j* y *k* bajo el que se obtiene la puntuación Y_{ijk}:

$$(\alpha\beta)_{jk} = \mu_{+jk} - \mu_{+j+} - \mu_{++k} + \mu$$

6. P_i se refiere a los efectos debidos a las diferencias entre los sujetos:

$$P_i = \mu_{i++} - \mu$$

7. $(P\alpha)_{ij}$ es la interacción entre el sujeto *i* y el tratamiento *j* del factor *A*:

$$(P\alpha)_{ij} = \mu_{ij+} - \mu_{+j+} - \mu_{i++} + \mu$$

8. $(P\beta)_{ik}$ es la interacción entre el sujeto *i* y el tratamiento *k* del factor *B*:

$$(P\beta)_{ik} = \mu_{i+k} - \mu_{++k} - \mu_{i++} + \mu$$

9. $(P\alpha\beta)_{ijk}$ es la interacción entre el sujeto *i* y el efecto de la combinación de los *jk* tratamientos. Este término corresponde a las diferencias entre las puntuaciones de los sujetos y sus medias tras eliminar los efectos principales y de la interacción. Si se resta cada uno de los elementos del modelo queda lo siguiente:

$$(P\alpha\beta)_{ijk} = Y_{ijk} - \mu_{+jk} - \mu_{ij+} - \mu_{i+k} + \mu_{+j+} + \mu_{++k} + \mu_{i++} - \mu$$

10. E_{ijk} representa el término de *errores aleatorios* o las desviaciones de las puntuaciones del sujeto *i* no sólo respecto al promedio de su grupo sino también respecto a su promedio en todos los tratamientos:

$$E_{ijk} = Y_{ijk} - \mu_{+j+} - \mu_{++k} - \mu_{i++} + \mu$$

Los estimadores correspondientes a cada uno de los términos del modelo son los siguientes:

$$\hat{\mu} = \overline{Y} \tag{34}$$

$$\hat{\alpha}_j = \overline{Y}_{+j+} - \overline{Y} \tag{35}$$

$$\hat{\beta}_k = \overline{Y}_{++k} - \overline{Y} \tag{36}$$

$$(\widehat{\alpha\beta})_{jk} = \overline{Y}_{+jk} - \overline{Y}_{+j+} - \overline{Y}_{++k} + \overline{Y} \tag{37}$$

$$\hat{P}_i = \overline{Y}_{i++} - \overline{Y} \tag{38}$$

$$(\widehat{P\alpha})_{ij} = \overline{Y}_{ij+} - \overline{Y}_{+j+} - \overline{Y}_{i++} + \overline{Y} \tag{39}$$

$$(\widehat{P\beta})_{ik} = \overline{Y}_{i+k} - \overline{Y}_{++k} - \overline{Y}_{i++} + \overline{Y} \tag{40}$$

$$(\widehat{P\alpha\beta})_{ijk} = Y_{ijk} - \overline{Y}_{+jk} - \overline{Y}_{ij+} - \overline{Y}_{i+k} + \overline{Y}_{+j+} + \overline{Y}_{++k} + \overline{Y}_{i++} - \overline{Y} \tag{41}$$

$$\hat{E}_{ij} = Y_{ijk} - \overline{Y}_{+j+} - \overline{Y}_{++k} - \overline{Y}_{i++} + \overline{Y} \tag{42}$$

Tanto el modelo aditivo como el no aditivo asumen que las puntuaciones Y_{ijk} son normales e independientes y que existe homogeneidad en las varianzas de las variables y de las diferencias entre variables. Los términos P_i, $(P\alpha)_{ij}$, $(P\beta)_{ik}$, $(P\alpha\beta)_{ijk}$ y E_{ijk} son independientes y normales con media 0 y varianza σ^2_p, $\sigma^2_{p\alpha}$, $\sigma^2_{p\beta}$, $\sigma^2_{p\alpha\beta}$, σ^2_e, respectivamente. Los E_{ijk} son independientes de los α_j, β_k, $(\alpha\beta)_{jk}$, P_i y de los $(P\alpha)_{ij}$, $(P\beta)_{ik}$ y $(P\alpha\beta)_{ijk}$. Por tanto, Y_{ijk} es una variable aleatoria independiente y normalmente distribuida con media μ_{+jk} y varianza $\sigma^2_p + \sigma^2_e$ para el modelo aditivo y $\sigma^2_p + \sigma^2_e + \sigma^2_{p\alpha} + \sigma^2_{p\beta} + \sigma^2_{p\alpha\beta}$ para el no aditivo.

Como en el modelo de un factor con medidas repetidas, en el de dos factores se asumen los supuestos de independencia, normalidad y el de esfericidad o circularidad. En este último hay dos casos generales que considerar. El primero se refiere al modelo aditivo (ver ecuación 32). Dado que este modelo no considera la interacción sujetos x tratamientos, puede asumirse que $\sigma^2_{p\alpha} = \sigma^2_{p\beta} = \sigma^2_{p\alpha\beta}$. Cada varianza de la interacción parcial constituye un estimador de la varianza de la interacción total y el promedio ponderado de sus medias cuadráticas, la media cuadrática error para la prueba F del ANOVA. Para que esto sea cierto es necesario que la matriz de varianzas-covarianzas de las *JK* combinaciones de tratamientos satisfaga el supuesto de la esfericidad. La igualdad de las varianzas de interacción parcial es una condición necesaria y suficiente para garantizar este supuesto y por tanto, la validez de la prueba *F* (Rouanet y Lepine, 1970). Si el test de esfericidad se cumple, las tres submatrices de varianza-covarianza (la de los efectos de *A*, *B* y *AB*) también deben satisfacer este supuesto para que sus pruebas *F* sean válidas y pueda llevarse a cabo el ANOVA global con un término error derivado de la combinación de los tres términos error de las hipótesis. El segundo caso es cuando el modelo no aditivo se considera más adecuado o cuando la matriz de varianzas-covarianzas total no cumple el supuesto de esfericidad. Si esto ocurre, aun es posible que cada una de las tres submatrices cumpla este supuesto y que la prueba *F* sea válida. En este caso es necesario utilizar la media cuadrática error derivada de las distintas medias cuadráticas de las interacciones parciales y los grados de libertad del denominador de *F* resultan más pequeños que en el primer caso. Si no se cumple el supuesto de la esfericad en cada una de las submatrices se procede como en el modelo de un factor; empleando las correcciones en los grados de libertad ($\hat{\varepsilon}$ o $\tilde{\varepsilon}$) o los contrastes multivariados (*T* de Hotelling, traza de Pillai, etc.).

En síntesis, los modelos de ANOVA con medidas repetidas en los dos factores suelen considerarse tanto desde el modelo aditivo como desde el no aditivo, como veremos a continuación.

c) *Los estadísticos de contraste*

El modelo ANOVA de dos factores con medidas repetidas en ambos constituye un contraste en el que se ponen a prueba tres tipos de hipótesis diferentes. Una sobre los efectos del factor *A*, otra sobre los efectos de *B* y una última sobre la interacción *AB*. Expresado formalmente cada una de las hipótesis se formula del siguiente modo:

1. $H_{0(A)}$: $\mu_{+1+} = \mu_{+2+} = \ldots \mu_{+j+} = \mu_{+J+}$; o bien $\alpha_j = 0$ para todo valor de j o j' $(j \neq j')$

   $H_{1(A)}$: $\mu_{+j+} \neq \mu_{+j'+}$ para algún valor de j o de j' $(j \neq j')$. Es decir, existe un efecto significativo del factor *A* sobre la variable dependiente

2. $H_{0(B)}$: $\mu_{++1} = \mu_{++2} = \ldots \mu_{++k} = \mu_{++K}$; o bien $\beta_k = 0$ para todo valor de k o k' ($k \neq k'$)
   $H_{1(B)}$: $\mu_{++k} \neq \mu_{++k'}$ para algún valor de k o de k' ($k \neq k'$). Es decir, existe un efecto significativo del factor B sobre la variable dependiente pendiente

3. $H_{0(AB)}$: $\mu_{+jk} - \mu_{+j'k} = \mu_{+j+} - \mu_{+j'+}$; para todo valor de j, j' o k ($j \neq j'$) o bien $(\alpha\beta)_{jk} = 0$ para todo valor de j o k
   $H_{1(AB)}$: $\mu_{+jk} - \mu_{+j'k} \neq \mu_{+j+} - \mu_{+j'+}$; para algún valor de j, j' o k ($j \neq j'$). Es decir, existe un efecto significativo de la interacción AB sobre la variable dependiente (o bien la diferencia entre las medias de dos casillas cualesquiera de la misma fila no es igual a la diferencia entre las medias marginales correspondientes a esas casillas).

Partiendo del modelo planteado y sus supuestos pueden derivarse los estadísticos de contraste con distribución muestral conocida que permitan poner a prueba las tres hipótesis planteadas tanto desde el modelo aditivo como desde el no aditivo. En primer lugar nos referiremos al modelo aditivo, por simplicidad.

Si sustituimos los valores poblacionales del modelo aditivo planteado en (32) por sus correspondientes estimadores muestrales (ver ecuaciones de la 34 a la 42) se obtiene lo siguiente:

$$Y_{ijk} = \overline{Y} + (\overline{Y}_{+j+} - \overline{Y}) + (\overline{Y}_{++k} - \overline{Y}) + (\overline{Y}_{+jk} - \overline{Y}_{+j+} - \overline{Y}_{++k} + \overline{Y}) + \\ + (\overline{Y}_{i++} - \overline{Y}) + (Y_{ijk} - \overline{Y}_{+j+} - \overline{Y}_{++k} - \overline{Y}_{i++} + \overline{Y})$$

Trasladando a la izquierda el término $\overline{Y}$:

$$Y_{ijk} - \overline{Y} = (\overline{Y}_{+j+} - \overline{Y}) + (\overline{Y}_{++k} - \overline{Y}) + (\overline{Y}_{+jk} - \overline{Y}_{+j+} - \overline{Y}_{++k} + \overline{Y}) + \\ + (\overline{Y}_{i++} - \overline{Y}) + (Y_{ijk} - \overline{Y}_{+j+} - \overline{Y}_{++k} - \overline{Y}_{i++} + \overline{Y}) \qquad (43)$$

Donde:

$(Y_{ijk} - \overline{Y})$ representa lo que una puntuación Y_{ijk} cualquiera se desvía de su media total ($\overline{Y}$). Se denomina *variación total* y puede descomponerse en cinco componentes:

1. $(\overline{Y}_{+j+} - \overline{Y})$: representa lo que la media de cada tratamiento j del factor A se desvía de la media total. Es decir, las diferencias debidas a los tratamientos del factor A.

2. $(\overline{Y}_{++k} - \overline{Y})$: representa lo que la media de cada tratamiento k del factor B se desvía de la media total. Es decir, las diferencias debidas a los tratamientos del factor B.

3. $(\overline{Y}_{+jk} - \overline{Y}_{+j+} - \overline{Y}_{++k} + \overline{Y})$: representa lo que la media de cada combinación jk se desvía de sus promedios marginales. Es decir, las diferencias debidas a la interacción AB.

4. $(\overline{Y}_{i++} - \overline{Y})$: representa lo que la media de las puntuaciones de un mismo sujeto $\overline{Y}_{i++}$ se desvía de la media total $\overline{Y}$. Es decir, las diferencias entre los sujetos.

5. $(Y_{ijk} - \overline{Y}_{+j+} - \overline{Y}_{++k} - \overline{Y}_{i++} + \overline{Y})$: representa lo que la puntuación Y_{ijk} se desvía de la media de su grupo y de la media de las puntuaciones del mismo sujeto. Es decir, las diferencias dentro de los grupos o variación error.

En el modelo de ANOVA de dos factores con medidas repetidas en ambos, la variación total (T) del modelo aditivo se descompone en tres tipos de variación: la *variación intra-sujetos* (I), la *variación debida a los sujetos* (P) y la *variación error* (E). A su vez la variación intra-sujetos incluye tres tipos de efectos: el del factor A, el del factor B y el de la interacción entre ambos (AB), por lo que en definitiva el modelo consta de cinco fuentes de variación.

Si en lugar de referirnos a una puntuación como se ha hecho en (43), nos referimos a la suma de las N puntuaciones al cuadrado (SC) tendremos que:

$$\sum_i \sum_j \sum_k (Y_{ijk} - \overline{Y})^2 = \sum_i \sum_j \sum_k \left[(\overline{Y}_{+j+} - \overline{Y}) + (\overline{Y}_{++k} - \overline{Y}) + \right.$$
$$+ (\overline{Y}_{+jk} - \overline{Y}_{+j+} - \overline{Y}_{++k} + \overline{Y}) + (\overline{Y}_{i++} - \overline{Y}) +$$
$$\left. + (Y_{ijk} - \overline{Y}_{+j+} - \overline{Y}_{++k} - \overline{Y}_{i++} + \overline{Y}) \right]^2 \qquad (44)$$

Desarrollando (44):

$$\sum_i \sum_j \sum_k (Y_{ijk} - \overline{Y})^2 = nK \sum_j (\overline{Y}_{+j+} - \overline{Y})^2 + nJ \sum_k (\overline{Y}_{++k} - \overline{Y})^2 +$$

$$+ n \sum_j \sum_k (\overline{Y}_{+jk} - \overline{Y}_{+j+} - \overline{Y}_{++k} + \overline{Y})^2 + JK \sum_i (\overline{Y}_{i++} - \overline{Y})^2 +$$

$$+ \sum_i \sum_j \sum_k (Y_{ijk} - \overline{Y}_{+j+} - \overline{Y}_{++k} - \overline{Y}_{i++} + \overline{Y})^2$$

Donde:

$\sum_i \sum_j \sum_k (Y_{ijk} - \overline{Y})^2$ es la *suma de cuadrados total* (SCT)

$n \sum_j \sum_k (\overline{Y}_{+jk} - \overline{Y})^2$ es la *suma de cuadrados intra-sujetos* (SCI)

$nK \sum_j (\overline{Y}_{+j+} - \overline{Y})^2$ es la *suma de cuadrados del factor A* (SCA)

$nJ \sum_k (\overline{Y}_{++k} - \overline{Y})^2$ es la *suma de cuadrados del factor B* (SCB)

$n \sum_j \sum_k (\overline{Y}_{+jk} - \overline{Y}_{+j+} - \overline{Y}_{++k} + \overline{Y})^2$ es la *suma de cuadrados AB* ($SCAB$)

$JK \sum_i (\overline{Y}_{i++} - \overline{Y})^2$ es la *suma de cuadrados debida a los sujetos* (SCP)

$\sum_i \sum_j \sum_k (Y_{ijk} - \overline{Y}_{+j+} - \overline{Y}_{++k} - \overline{Y}_{i++} + \overline{Y})^2$ es la *suma de cuadrados error* (SCE)

Estas sumas de cuadrados pueden calcularse más fácilmente haciendo algunas transformaciones:

$$SCT = \sum_i \sum_j \sum_k Y_{ijk}^2 - \frac{T^2}{N} \quad (45)$$

$$SCI = \sum_j \sum_k \frac{T_{+jk}^2}{n} - \frac{T^2}{N} \quad (46)$$

$$SCA = \sum_i \frac{T_{+j+}^2}{nK} - \frac{T^2}{N} \quad (47)$$

$$SCB = \sum_k \frac{T^2_{++k}}{nJ} - \frac{T^2}{N} \tag{48}$$

$$SCAB = \sum_j \sum_k \frac{T^2_{+jk}}{n} - \sum_j \frac{T^2_{+j+}}{nK} - \sum_k \frac{T^2_{++k}}{nJ} + \frac{T^2}{N} \tag{49}$$

$$SCP = \sum_i \frac{T^2_{i++}}{JK} - \frac{T^2}{N} \tag{50}$$

$$SCE = \sum_i \sum_j \sum_k Y^2_{ijk} - \sum_j \frac{T^2_{+j+}}{nK} - \sum_i \frac{T^2_{i++}}{JK} + \frac{T^2}{N} \tag{51}$$

Por tanto, la variación total en el modelo aditivo incluye los siguientes componentes: $SCT = SCA + SCB + SCAB + SCP + SCE$. Los grados de libertad correspondientes a cada término son los siguientes:

SCT:	$N - 1$
SCI:	$JK - 1$
SCA:	$J - 1$
SCB:	$K - 1$
SCAB:	$(J - 1)(K - 1)$
SCP:	$n - 1$
SCE:	$(JK - 1)(n - 1)$

En cuanto a las medias cuadráticas, resultan del cociente entre las sumas cuadráticas y sus correspondientes grados de libertad. La tabla 9 recoge las medias cuadráticas correspondientes a cada efecto y sus valores esperados (la demostración de la obtención de los valores esperados puede consultarse en Winer, 1971, págs. 156-160).

TABLA 9. *Medias cuadráticas y valores esperados en el modelo de dos factores con medidas repetidas en ambos.*

Fuente de variación	Media cuadrática	Valor esperado
Factor A:	$MCA = \frac{SCA}{J-1}$	$\sigma^2 + nK\sigma^2_\alpha$
Factor B:	$MCB = \frac{SCB}{K-1}$	$\sigma^2 + nJ\sigma^2_\beta$
Interacción AB:	$MCAB = \frac{SCAB}{(J-1)(K-1)}$	$\sigma^2 + n\,\sigma^2_{\alpha\beta}$
Sujetos (P):	$MCP = \frac{SCP}{n-1}$	$\sigma^2 + JK\sigma^2_p$
Error (E):	$MCE = \frac{SCE}{(JK-1)(n-1)}$	σ^2

De los valores esperados de cada una de las medias cuadráticas del modelo se deduce que el efecto de cualquiera de las fuentes de variación puede ser aislado y por tanto, puesto a prueba a través del cociente entre su media cuadrática y la media cuadrática error. Así se obtienen los estadísticos de contraste, cada uno de los cuales se distribuye según el modelo probabilístico F con los grados de libertad correspondientes al numerador y denominador de cada cociente, como se observa en (52):

$$F_A = \frac{MCA}{MCE} \cong F_{J-1,\,(JK-1)(n-1)}$$

$$F_B = \frac{MCB}{MCE} \cong F_{K-1,\,(JK-1)(n-1)} \qquad (52)$$

$$F_{AB} = \frac{MCAB}{MCE} \cong F_{(J-1)(K-1),\,(JK-1)(n-1)}$$

Estos estadísticos permiten poner a prueba cada una de las hipótesis bajo el supuesto de aditividad. Sin embargo, cuando existe interacción entre los sujetos y los tratamientos, hay que emplear el modelo no aditivo. En *el modelo no aditivo* los efectos de la interacción entre cada factor (*A*, *B* y *AB*) y los sujetos están incluidos en el término *MCE* cuyo valor se descompone en los siguientes tres componentes:

$$MC(A \times \text{Suj.}) = \frac{SC(A \times \text{Suj.})}{(J-1)(n-1)}$$

$$MC(B \times \text{Suj.}) = \frac{SC(B \times \text{Suj.})}{(K-1)(n-1)} \qquad (53)$$

$$MC(AB \times \text{Suj.}) = \frac{SC(AB \times \text{Suj.})}{(J-1)(K-1)(n-1)}$$

Donde:

$$SC(A \times \text{Suj.}) = \sum_i \sum_j \frac{T^2_{ij+}}{K} - \sum_j \frac{T^2_{+j+}}{nK} - \sum_i \frac{T^2_{i++}}{JK} + \frac{T^2}{N}$$

$$SC(B \times \text{Suj.}) = \sum_i \sum_k \frac{T^2_{i+k}}{J} - \sum_k \frac{T^2_{++k}}{nJ} - \sum_i \frac{T^2_{i++}}{JK} + \frac{T^2}{N}$$

$$SC(AB \times \text{Suj.}) = \sum_i \sum_j \sum_k Y^2_{ijk} - \sum_i \sum_j \frac{T^2_{ij+}}{K} - \sum_i \sum_k \frac{T^2_{i+k}}{J} -$$

$$- \sum_j \sum_k \frac{T^2_{+jk}}{n} + \sum_i \frac{T^2_{i++}}{JK} + \sum_j \frac{T^2_{+j+}}{nK} + \sum_k \frac{T^2_{++k}}{nJ} + \frac{T^2}{N} \qquad (54)$$

Al introducir en el modelo estas nuevas fuentes de variación, los valores esperados de las nuevas medias cuadráticas son los que aparecen en la tabla 10:

TABLA 10. *Valores esperados de las medias cuadráticas del modelo de dos factores con medidas repetidas en ambos (modelo no-aditivo).*

Fuente de variación	Valor esperado
Factor A	$\sigma^2 + K\sigma^2_{\alpha p} + nK\sigma^2_{\alpha}$
Factor B	$\sigma^2 + J\sigma^2_{\beta p} + nJ\sigma^2_{\beta}$
Interacción AB	$\sigma^2 + \sigma^2_{\alpha\beta p} + n\,\sigma^2_{\alpha\beta}$
Sujetos (P)	$\sigma^2 + JK\sigma^2_{p}$
$A \times$ Sujetos	$\sigma^2 + K\sigma^2_{\alpha p}$
$B \times$ Sujetos	$\sigma^2 + J\,\sigma^2_{\beta p}$
$AB \times$ Sujetos	$\sigma^2 + \sigma^2_{\alpha\beta p}$

Estos valores esperados indican que las razones F apropiadas para poner a prueba los efectos sobre el factor A, B y la interacción AB y el modelo probabilístico F correspondiente a cada una de ellas son las siguientes:

$$F'_A = \frac{MCA}{MC(A \times Suj.)} \cong F_{J-1,\,(J-1)(n-1)}$$

$$F'_B = \frac{MCB}{MC(B \times Suj.)} \cong F_{K-1,\,(K-1)(n-1)} \qquad (55)$$

$$F'_{AB} = \frac{MCAB}{MC(AB \times Suj.)} \cong F_{(J-1)(K-1),\,(J-1)(K-1)(n-1)}$$

d) *Tabla resumen del ANOVA-MR de dos factores*

Un resumen de los cálculos necesarios para analizar el modelo planteado aparece en la tabla 11. Adicionalmente, la tabla 12 ofrece un resumen del procedimiento seguido en el contraste de la hipótesis del modelo de ANOVA de dos factores con medidas repetidas en ambos.

TABLA 11. *Tabla-Resumen del ANOVA con medidas repetidas en los dos factores.*

Fuentes de Variación (FV)	*SC*	*g.l.*	*MC*	*F en el modelo aditivo*	*F en el modelo no-aditivo*
Intergrupos *(I)*	SCI	$JK - 1$	$\frac{SCI}{JK-1}$		
Factor *A (A)*	SCA	$J - 1$	$\frac{SCA}{J-1}$	$F_A = \frac{MCA}{MCE}$	$F'_A = \frac{MCA}{MC(A \times \text{Suj.})}$
Factor *B (B)*	SCB	$K - 1$	$\frac{SCB}{K-1}$	$F_B = \frac{MCB}{MCE}$	$F'_B = \frac{MCB}{MC(B \times \text{Suj.})}$
Interacción *(AB)*	$SCAB$	$(J - 1)(K - 1)$	$\frac{SCAB}{(J-1)(K-1)}$	$F_{AB} = \frac{MCAB}{MCE}$	$F'_{AB} = \frac{MCAB}{MC(AB \times \text{Suj.})}$
Intersujetos *(P)*	SCP	$n - 1$			
Error *(E)*	SCE	$(JK - 1)(n - 1)$	$\frac{SCE}{(JK-1)(n-1)}$		
$A \times$ Sujetos	$SC(A \times \text{Suj.})$	$(J - 1)(n - 1)$	$\frac{SC(A \times \text{Suj.})}{(J-1)(n-1)}$		
$B \times$ Sujetos	$SC(B \times \text{Suj.})$	$(K - 1)(n - 1)$	$\frac{SC(B \times \text{Suj.})}{(K-1)(n-1)}$		
$AB \times$ Sujetos	$SC(AB \times \text{Suj.})$	$(J - 1)(K - 1)(n - 1)$	$\frac{SC(AB \times \text{Suj.})}{(J-1)(K-1)(n-1)}$		
Total *(T)*	SCT	$N - 1$			

TABLA 12. *Resumen del modelo de ANOVA de dos factores con medidas repetidas.*

1. *Planteamiento de las hipótesis*

$H_{0(A)}$: $\mu_{+1+} = \mu_{+2+} = \ldots \mu_{+j+} = \mu_{+J+}$;
o bien $\alpha_j = 0$ para todo valor de j o j' $(j \neq j')$

$H_{1(A)}$: $\mu_{+j+} \neq \mu_{+j'+}$ para algún valor de j o de j' $(j \neq j')$

$H_{0(B)}$: $\mu_{++1} = \mu_{++2} = \ldots \mu_{++k} = \mu_{++K}$;
o bien $\beta_k = 0$ para todo valor de k o k' $(k \neq k')$

$H_{1(B)}$: $\mu_{++k} \neq \mu_{++k'}$ para algún valor de k o de k' $(k \neq k')$

$H_{0(AB)}$: $\mu_{+jk} - \mu_{+j'k} = \mu_{+j+} - \mu_{+j'+}$;
o bien $(\alpha\beta)_{jk} = 0$ para todo valor de j o k

$H_{1(AB)}$: $\mu_{+jk} - \mu_{+j'k} \neq \mu_{+j+} - \mu_{+j'+}$ para algún valor de j, j' o k $(j \neq j')$

2. *Supuestos*

Independencia, normalidad y, en su caso, esfericidad

3. *Estadísticos de contraste*

Bajo el modelo aditivo:

$F_A = \dfrac{MCA}{MCE}$ se distribuye según F con $J-1$ y $(JK-1)(n-1)$ grados de libertad (o gl)

$F_B = \dfrac{MCB}{MCE}$ se distribuye según F con $K-1$ y $(JK-1)(n-1)$ gl

$F_{AB} = \dfrac{MCAB}{MCE}$ se distribuye según F con $(J-1)(K-1)$ y $(JK-1)(n-1)$ gl

Bajo el modelo no aditivo:

$F'_A = \dfrac{MCA}{MC(A \times \text{Suj.})}$ se distribuye según F con $J-1$ y $(J-1)(n-1)$ gl

$F'_B = \dfrac{MCB}{MC(B \times \text{Suj.})}$ se distribuye según F con $K-1$ y $(K-1)(n-1)$ gl

$F'_{AB} = \dfrac{MCAB}{MC(AB \times \text{Suj.})}$ se distribuye según F con $(J-1)(K-1)$ y $(J-1)(K-1)(n-1)$ gl

4. *Zona crítica*

Está formada por los valores de los estadísticos de contraste mayores que su punto crítico:

$F_A \geq {}_{1-\alpha}F_{J-1,\,(JK-1)(n-1)}$; $F_B \geq {}_{1-\alpha}F_{K-1,\,(JK-1)(n-1)}$;
y $F_{AB} \geq {}_{1-\alpha}F_{(J-1)(K-1),\,(JK-1)(n-1)}$

$F'_A \geq {}_{1-\alpha}F_{J-1,\,(J-1)(n-1)}$; $F'_B \geq {}_{1-\alpha}F_{K-1,\,(K-1)(n-1)}$;
y $F'_{AB} \geq {}_{1-\alpha}F_{(J-1)(K-1),\,(J-1)(K-1)(n-1)}$

5. *Regla de decisión*

Rechazar cada H_0 si su estadístico cae en la zona crítica; mantener en caso contrario.

e) *Ejemplo*

En el ejemplo del apartado sobre ANOVA-MR de un factor se estudiaba la respuesta afectiva hacia un perfume en cuatro grados diferentes de concentración fijados por el investigador (500 ppm, 1000 ppm, 1500 ppm y 2000 ppm). Ahora dicho investigador está interesado en estudiar un nuevo factor (factor B): el tipo de aroma del que está compuesto el perfume. Ha considerado tres tipos de aroma: B_1: lavanda (el más suave); B_2: espliego; y B_3: rosas (el más fuerte). En cuanto al factor A, en este caso solamente decide considerar dos tipos de concentración del perfume: A_1: la mínima (500 ppm) y A_2: la máxima (2000 ppm). Ambas variables se miden en una nueva muestra que consta de 10 sujetos, los cuales pasan por todos los niveles de los factores considerados. Por tanto, el objetivo ahora es estudiar el efecto del grado de concentración del perfume y el tipo de aroma, y el de ambos factores en interacción sobre la respuesta afectiva hacia el perfume. La respuesta afectiva de los sujetos se mide en una escala de 1 a 7. Los resultados obtenidos aparecen en la tabla 13.

TABLA 13. *Respuesta afectiva de 10 sujetos hacia un perfume en dos grados de concentración y tres tipos de aroma.*

	Concentración de 500 ppm			Concentración de 2000 ppm		
Sujetos:	Lavanda	Espliego	Rosas	Lavanda	Espliego	Rosas
1	3	4	5	5	6	5
2	4	4	4	6	7	4
3	4	6	7	4	6	7
4	4	4	5	5	7	7
5	2	4	5	5	4	7
6	2	3	7	5	6	7
7	4	3	5	4	7	6
8	6	6	5	6	6	6
9	4	6	6	7	3	7
10	4	5	4	4	6	6

Donde: $$\sum_i \sum_j \sum_k Y_{ijk}^2 = 3^2 + 4^2 + 5^2 + \ldots + 6^2 = 1670.$$

$$\sum_i \sum_j \sum_k Y_{ijk} = 3 + 4 + 5 + \ldots + 6 = 306 = T.$$

$T^2 = 93636.$ $N = 60.$

Como se observa, nos encontramos ante un diseño de dos factores a efectos fijos y con medidas repetidas. El factor A tiene dos niveles ($J = 2$) y el factor B tres ($K = 3$) por lo que hay seis tipos de combinaciones por las que pasan todos los sujetos y la muestra total está compuesta por nJK sujetos; es decir, por $N = 60$ sujetos. Los totales correspondientes a las casillas se resumen en las siguientes tablas:

T_{ij+}:

	$i=1$	$i=2$	$i=3$	$i=4$	$i=5$	$i=6$	$i=7$	$i=8$	$i=9$	$i=10$	T_{+j+}
$j=1$	12	12	17	13	11	12	12	17	16	13	135
$j=2$	16	17	17	19	16	18	17	18	17	16	171
T_{i++}	28	29	34	32	27	30	29	35	33	29	$306 = T$

T_{i+k}:

	$i=1$	$i=2$	$i=3$	$i=4$	$i=5$	$i=6$	$i=7$	$i=8$	$i=9$	$i=10$	T_{++k}
$k=1$	8	10	8	9	7	7	8	12	11	8	88
$k=2$	10	11	12	11	8	9	10	12	9	11	103
$k=3$	10	8	14	12	12	14	11	11	13	10	115
T_{i++}	28	29	34	32	27	30	29	35	33	29	$306 = T$

T_{+jk}:

	$k=1$	$k=2$	$k=3$	T_{+j+}
$j=1$	37	45	53	135
$j=2$	51	58	62	171
T_{++k}	88	103	115	$306 = T$

Comencemos haciendo los cálculos para construir la tabla-resumen del ANOVA:

Aplicando las fórmulas (45) a (51) y la (54) se obtienen las sumas de cuadrados:

$$SCT = \sum_i \sum_j \sum_k Y_{ijk}^2 - \frac{T^2}{N} = 1670 - \frac{93636}{60} = 1670 - 1560.6 = 109.4$$

$$SCI = \sum_j \sum_k \frac{T_{+jk}^2}{n} - \frac{T^2}{N} = \frac{37^2 + 45^2 + 53^2 + 51^2 + 58^2 + 62^2}{10} - 1560.6 =$$

$$= 1601.2 - 1560.6 = 40.6$$

$$SCA = \sum_j \frac{T_{+j+}^2}{nK} - \frac{T^2}{N} = \frac{135^2 + 171^2}{30} - 1560.6 =$$

$$= 1582.2 - 1560.6 = 21.6$$

$$SCB = \sum_k \frac{T_{++k}^2}{nJ} - \frac{T^2}{N} = \frac{88^2 + 103^2 + 115^2}{20} - 1560.6 =$$

$$= 1578.9 - 1560.6 = 18.3$$

$$SCAB = \sum_j \sum_k \frac{T_{+jk}^2}{n} - \sum_j \frac{T_{+j+}^2}{nK} - \sum_k \frac{T_{++k}^2}{nJ} + \frac{T^2}{N} =$$

$$= 1601.2 - 1582.2 - 1578.9 + 1560.6 = 0.7$$

$$SCP = \sum_i \frac{T_{i++}^2}{JK} + \frac{T^2}{N} = \frac{28^2 + 29^2 + \ldots + 29^2}{6} - 1560.6 =$$

$$= 1571.67 - 1560.6 = 11.07$$

$$SCE = \sum_i \sum_j \sum_k Y_{ijk}^2 - \sum_j \frac{T_{+j+}^2}{nK} - \sum_i \frac{T_{i++}^2}{JK} + \frac{T^2}{N} =$$

$$= 1670 - 1582.2 - 1571.67 + 1560.6 = 57.73$$

$$SC(A \times \text{Suj.}) = \sum_i \sum_j \frac{T_{ij+}^2}{K} - \sum_j \frac{T_{+j+}^2}{nK} - \sum_i \frac{T_{i++}^2}{JK} + \frac{T^2}{N} =$$

$$= 1601.2 - 1582.2 - 1571.67 + 1560.6 = 7.4$$

$$SC(B \times \text{Suj.}) = \sum_i \sum_k \frac{T_{i+k}^2}{J} - \sum_k \frac{T_{++k}^2}{nJ} - \sum_i \frac{T_{i++}^2}{JK} + \frac{T^2}{N} =$$

$$= 1616 - 1578.9 - 1571.67 + 1560.6 = 26.03$$

$$SC(AB \times \text{Suj.}) = \sum_i \sum_j \sum_k Y_{ijk}^2 - \sum_i \sum_j \frac{T_{ij+}^2}{K} - \sum_i \sum_k \frac{T_{i+k}^2}{J} - \sum_j \sum_k \frac{T_{+jk}^2}{n} +$$

$$+ \sum_i \frac{T_{i++}^2}{JK} + \sum_j \frac{T_{+j+}^2}{nK} + \sum_k \frac{T_{++k}^2}{nJ} - \frac{T^2}{N} =$$

$$= 1670 - 1600.67 - 1616 - 1601.2 + 1571.67 +$$
$$+ 1582.2 + 1578.9 - 1560.6 = 24.3$$

Los grados de libertad correspondientes a cada fuente de variación son:

I: $JK - 1 = 6 - 1 = 5$
A: $J - 1 = 2 - 1 = 1$
B: $K - 1 = 3 - 1 = 2$
AB: $(J - 1)(K - 1) = 2$

P: $n - 1 = 10 - 1 = 9$

E: $(JK - 1)(n - 1) = (5)(9) = 45$
$A \times$ Suj.: $(J - 1)(n - 1) = (1)(9) = 9$
$B \times$ Suj.: $(K - 1)(n - 1) = (2)(9) = 18$
$AB \times$ Suj.: $(J - 1)(K - 1)(n - 1) = (1)(2)(9) = 18$

T: $N - 1 = 59$

Según la tabla 9 y la expresión (53) las medias cuadráticas son:

$$MCA = \frac{SCA}{J-1} = \frac{21.6}{1} = 21.6$$

$$MCB = \frac{SCB}{K-1} = \frac{18.3}{2} = 9.15$$

$$MCAB = \frac{SCAB}{(J-1)(K-1)} = \frac{0.7}{2} = 0.35$$

$$MCE = \frac{SCE}{(JK-1)(n-1)} = \frac{57.73}{45} = 1.28$$

$$MC(A \times \text{Suj.}) = \frac{SC(A \times \text{Suj.})}{(J-1)(n-1)} = \frac{7.4}{9} = 0.82$$

$$MC(B \times \text{Suj.}) = \frac{SC(B \times \text{Suj.})}{(K-1)(n-1)} = \frac{26.03}{18} = 1.446$$

$$MC(AB \times \text{Suj.}) = \frac{SC(AB \times \text{Suj.})}{(J-1)(K-1)(n-1)} = \frac{24.3}{18} = 1.35$$

TABLA 14. *Tabla-Resumen del ANOVA-MR de dos factores.*

FV	SC	*g.l.*	*MC*	$F_{\text{(aditivo)}}$	$F'_{\text{(no-aditivo)}}$
Intergrupos (*I*)	40.60	5	8.01		
Factor *A*	21.60	1	21.6	16.87	26.34
Factor *B*	18.30	2	9.15	7.15	6.327
Interacción *AB*	0.70	2	0.35	0.27	0.259
Intersujetos (*P*)	11.07	9	1.23		
Error (*E*)	57.73	45	1.28		
A × Sujetos	7.40	9	0.82		
B × Sujetos	26.03	18	1.45		
AB × Sujetos	24.30	18	1.35		
Total (*T*)	109.4	59			

Una vez construida la tabla-resumen (ver tabla 14), podemos plantear las tres hipótesis y tomar una decisión sobre cada una de ellas. Siguiendo el esquema de la tabla 12:

1) *Planteamiento de las hipótesis:*

$H_{0(A)}$: $\mu_{+1+} = \mu_{+2+}$; o bien $\alpha_j = 0$ para todo valor de j.
Todos los grados de concentración del perfume producen la misma respuesta afectiva.
$H_{1(A)}$: $\mu_{+j+} \neq \mu_{+2+}$; o bien $\alpha_j \neq 0$ para algún valor de j.
Cada grado de concentración produce una respuesta afectiva diferente luego el grado de concentración del perfume produce un efecto significativo sobre la respuesta afectiva.

$H_{0(B)}$: $\mu_{++1} = \mu_{++2} = \mu_{++3}$; o bien $\beta_k = 0$ para todo valor de k.
Todos los aromas del perfume producen la misma respuesta afectiva.
$H_{1(B)}$: $\mu_{++k} \neq \mu_{++k'}$ para algún valor de k o k' $(k \neq k')$.
Al menos uno de los aromas produce una respuesta afectiva diferente.

$H_{0(AB)}$: $\mu_{+jk} - \mu_{+j'k} = \mu_{+j+} - \mu_{+j'+}$;
o bien $\alpha\beta_{jk} = 0$ para todo valor de j o k.
$H_{1(AB)}$: $\mu_{+jk} - \mu_{+j'k} \neq \mu_{+j+} - \mu_{+j'+}$ para algún valor de j, j' o k $(j \neq j')$
La interacción entre grado de concentración y aroma del perfume produce un efecto significativo sobre la misma respuesta afectiva.

2) *Supuestos:*

Los resultados obtenidos en cuanto a la comprobación de supuestos se resumen en la tabla 15.

TABLA 15. *Resultados de la comprobación del supuesto de normalidad, esfericidad y contrastes multivariados en los efectos A, B y AB.*

	A1 B1	A1 B2	A1 B3	A2 B1	A2 B2	A2 B3
Media	3.70	4.50	5.30	5.10	5.80	6.20
Desv. típica	1.16	1.18	1.06	0.99	1.32	1.03
Z de Kolmogorov	0.955	0.836	0.985	0.759	1.14	0.888
Sig. (bilateral)	0.321	0.487	0.286	0.612	0.149	0.410

	Factor *A*	Factor *B*	Interacción *AB*
W de Mauchly	1.000	0.700	0.764
Chi-cuadrado	0.000	2.848	2.158
Sig. (bilateral)	–	0.241	0.340
Límite inferior de e	1.000	0.500	0.500
$\hat{\varepsilon}$ *de Greenhouse-Geisser*	1.000	0.770	0.809
$\tilde{\varepsilon}$ *de Huynh-Feldt*	1.000	0.897	0.960

Efecto		Valor	F	gl de la hipótesis	gl del error	Sig.
Factor A	*Traza de Pillai*	0.745	26.270	1.000	9.000	0.001
	Lambda de Wilks	0.255	26.270	1.000	9.000	0.001
	Traza de Hotelling	2.919	26.270	1.000	9.000	0.001
	Raíz mayor de Roy	2.919	26.270	1.000	9.000	0.001
Factor B	*Traza de Pillai*	0.573	5.364	2.000	8.000	0.033
	Lambda de Wilks	0.427	5.364	2.000	8.000	0.033
	Traza de Hotelling	1.341	5.364	2.000	8.000	0.033
	Raíz mayor de Roy	1.341	5.364	2.000	8.000	0.033
Interacción AB	*Traza de Pillai*	0.099	0.442	2.000	8.000	0.658
	Lambda de Wilks	0.901	0.442	2.000	8.000	0.658
	Traza de Hotelling	0.110	0.442	2.000	8.000	0.658
	Raíz mayor de Roy	0.110	0.442	2.000	8.000	0.658

Como se observa, los datos son normales para las *JK* combinaciones y se mantiene la hipótesis sobre el supuesto de la esfericidad tanto en la submatriz *A*, como en la *B* ($p = 0.24$) y la *AB* ($p = 0.34$). Según esto el modelo aditivo puede aplicarse para llevar a cabo el ANOVA y decidir sobre cada una de las hipótesis. En cuanto a los contrastes multivariados, los resultados indican que solamente resultan significativos los efectos separados de los factores *A* y *B*, no ocurriendo lo mismo para el efecto de la interacción ($p = 0.658$).

3) *Estadísticos de contraste:*

Según (52) y (55), los estadísticos tanto desde el modelo aditivo como el no-aditivo son:

$$F_A = \frac{MCA}{MCE} = \frac{21.6}{1.28} = 16.87 \qquad F'_A = \frac{MCA}{MC(A \times \text{Suj.})} = \frac{21.6}{0.82} = 26.34$$

$$F_B = \frac{MCB}{MCE} = \frac{9.15}{1.28} = 7.15 \qquad F'_B = \frac{MCB}{MC(B \times \text{Suj.})} = \frac{9.15}{1.446} = 6.327$$

$$F_{AB} = \frac{MCAB}{MCE} = \frac{0.35}{1.28} = 0.27 \qquad F'_{AB} = \frac{MCAB}{MC(AB \times \text{Suj.})} = \frac{0.35}{1.35} = 0.259$$

4) *Decisión y conclusión:*

Teniendo en cuenta que los datos del ejemplo satisfacen el supuesto de esfericidad, concluiremos sobre cada hipótesis solamente haciendo referencia al modelo aditivo.

a) *Hipótesis sobre A*:
Según la tabla 14, F_A se distribuye según F con 1 y 45 grados de libertad; luego ${}_{0.95}F_{1.45} = 4.08$ (*vid.* Monografía de Tablas Estadísticas con $\alpha = 0.05$). Puesto que $F_A > 4.08$, se rechaza $H_{0(A)}$ y se concluye que el factor A ejerce un efecto significativo sobre la variable dependiente.

b) *Hipótesis sobre B*:
F_B se distribuye según F con 2 y 45 grados de libertad y ${}_{0.95}F_{2.45} = 3.23$. Como $F_B > 3.23$, se rechaza $H_{0(B)}$ y se concluye que el factor B ejerce un efecto significativo sobre la variable dependiente.

c) *Hipótesis sobre la interacción AB*:
F_{AB} se distribuye según F con 2 y 45 grados de libertad y ${}_{0.95}F_{2.45} = 3.23$. Puesto que $F_{AB} < 3.23$, se mantiene $H_{0(AB)}$ por lo que la interacción entre los factores A y B no ejerce ningún tipo de efecto sobre la variable dependiente.

Una representación gráfica de la relación entre ambas variables refleja más claramente el efecto de la interacción (ver figura 12). Para ello es necesario obtener las $\overline{Y}_{+jk}$ medias:

	B1	B2	B3	
A1	3.70	4.50	5.30	4.50
A2	5.10	5.80	6.20	5.70
	4.40	5.15	5.75	5.10

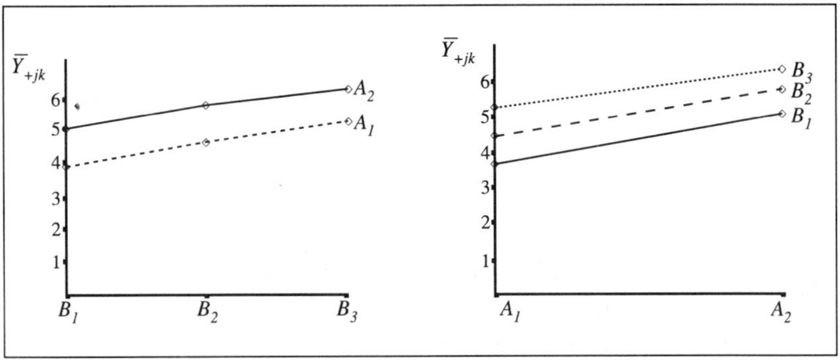

FIGURA 12. *Dos formas de representación gráfica de la relación entre el grado de concentración* (A_1 y A_2) *y tipo de aroma* (B_1, B_2 y B_3) *del perfume y la respuesta afectiva hacia el mismo.*

En conclusión, tanto el grado de concentración de perfume como el tipo de aroma afectan a la respuesta afectiva que el sujeto experimenta hacia el mismo. Sin embargo, como se observa en cualquiera de las gráficas de la figura 12, la interacción entre ambos factores no modifica el efecto separado de cada uno de los factores.

f) *Medidas del tamaño del efecto*

Como en el ANOVA-MR de un factor, si se rechaza la hipótesis nula es posible calcular el tamaño del efecto de cada uno de los factores y de la interacción. Para ello, pueden emplearse los parámetros eta y omega al cuadrado (η^2 y ω^2) con los mismos criterios que en el modelo de un factor (ver apartado 3.8.). Los estudios no suelen incluir información sobre estos parámetros ya que, sobre todo desde el modelo no aditivo, las fuentes de variabilidad son muchas y su cálculo complicado (Girden, 1992).

En el modelo aditivo las fuentes de variabilidad son: $SCT + MCP + MCE$ y los parámetros η^2 y ω^2 para cada una de las hipótesis se calculan mediante:

$$\eta^2_{(A)} = \frac{SCA}{SCT} \qquad \omega^2_{(A)} = \frac{SCA - (J-1)\,MCE}{SCT + MCP + MCE}$$

$$\eta^2_{(B)} = \frac{SCB}{SCT} \qquad \omega^2_{(B)} = \frac{SCB - (K-1)\,MCE}{SCT + MCP + MCE}$$

$$\eta^2_{(AB)} = \frac{SCAB}{SCT} \qquad \omega^2_{(AB)} = \frac{SCAB - (J-1)(K-1)\,MCE}{SCT + MCP + MCE}$$

En el modelo no aditivo las fuentes de variabilidad son: $SCT + MCP + MC(A \times \text{Suj.}) + MC(B \times \text{Suj.}) + n(J + K\text{-}1)\ MC(AB \times \text{Suj.})$ y los parámetros η^2 y ω^2 para cada una de las hipótesis se calculan mediante las mismas fórmulas salvo en ω^2 que el denominador se sustituye por las fuentes de variabilidad del modelo no aditivo.

g) *Comparaciones entre medias*

Si se rechaza alguna de las hipótesis nulas del ANOVA de dos factores, es necesario estudiar entre qué medias existen diferencias para una interpretación adecuada de los resultados. La forma de proceder es la misma que en el modelo de un factor (ver apartado 3.9.) con la MCE_i y los grados de libertad correspondientes a cada una de las i comparaciones (Keselman, 1982). Sin embargo, en este caso existe la posibilidad de obtener no sólo las comparaciones entre las medias de cada uno de los factores sino también las de su interacción; lo cual tiene sentido si los efectos de la interacción son significativos, caso en el que las conclusiones sobre los efectos principales de A y B han de matizarse.

Al igual que en el modelo de un factor, se pueden contrastar diferentes hipótesis mediante las *comparaciones a priori* o F planeadas, cada una con su correspondiente término error (MCE_i) y grados de libertad. En cuanto al nivel de significación adoptado, depende del tipo de comparación. Si la comparación es ortogonal se puede utilizar un α de 0.05. Si no es ortogonal hay que emplear un α menor; por ejemplo el cociente entre α y el número de comparaciones de la hipótesis (Girden, 1992).

En las *comparaciones a posteriori* las diferencias entre las medias de los niveles en *A*, *B* y *AB* se estudian para aquellas hipótesis nulas que se hayan rechazado en el ANOVA general. Si se rechaza la hipótesis sobre los efectos de *A* o de *B* se procede de forma similar al modelo de un factor, realizando comparaciones entre los niveles de cada factor. Los métodos de comparaciones múltiples más utilizados son la prueba de Tukey (1953) y de Scheffé (1959) con su correspondiente *MCE* (por ejemplo $MC(A \times \text{Suj.})$ para las medias $\bar{Y}_{+j+}$), grados de libertad y α (ver Pardo y San Martín, 1998, págs. 344-349 para una exposición detallada de ambos procedimientos). Si se rechaza la hipótesis sobre la interacción *AB* se pueden realizar comparaciones entre las *jk* combinaciones de las medias de las casillas. La desigualdad Bonferroni puede emplearse para estudiar los efectos de las *jk* combinaciones de medias ($\bar{Y}_{+jk}$). La forma de establecer el valor de α depende del ANOVA global. Puesto que éste conlleva tres hipótesis si α es 0.05 el ANOVA global tendrá un α de 0.15. Para estudiar los efectos de las medias de las casillas se utiliza el α del ANOVA dividido entre el número de efectos *jk*. En nuestro ejemplo, teníamos dos factores y un diseño de tipo 2×3 por lo que, en caso de haber rechazado la hipótesis nula, los efectos de las *jk* combinaciones se habrían estudiado con un α de $0.15 / 6 = 0.025$. A no ser que se incluyan muchos efectos, estas pruebas tienen muy poco poder predictivo (Keselman y Keselman, 1987). No obstante, no todos los efectos *jk* tienen por qué resultar de interés. De hecho, Holland y Copenhaver (1988) describen diferentes procedimientos de tipo Bonferroni que requieren el valor exacto de *p* en cada prueba pero permiten mejorar su poder predictivo provocando el rechazo de la hipótesis nula sin que aumente el error tipo I.

Como ocurría en el modelo de un factor, cuando el supuesto de esfericidad no se cumple y las muestras son demasiado pequeñas es preferible estudiar las comparaciones por pares de medias utilizando la prueba *T* para dos medias relacionadas y ajustar la tasa de error por comparación mediante el procedimiento de Dunn-Bonferroni (para más detalle ver Pardo y San Martín, 1998, págs. 370-371). Los paquetes informáticos, como SPSS, dan esta opción en el cuadro de diálogo de modelos de medidas repetidas.

En nuestro ejemplo, solamente han resultado significativos los efectos separados de los factores *A* y *B*. Puesto que la muestra empleda es pequeña puede emplearse la prueba *T* y la corrección Bonferroni. Los resultados aparecen en la tabla 16. Como se observa existen diferencias significativas entre los pares de medias de los niveles del factor A (grado de concentración del perfume) y también en los de B excepto los dos últimos (aroma de espliego y de rosas).

TABLA 16. *Comparaciones entre pares de medias de los factores* A *y* B.

	A1 - A2	B1 - B2	B1 - B3	B2 - B3
Diferencia de medias	-1.20	-0.75	-1.35	-0.60
Significación	0.001	0.018	0.015	0.174
Límite inferior	-1.73	-1.34	-2.36	-1.52
Límite superior	-0.67	-0.16	-0.34	0.32

En cuanto a las comparaciones de tendencia para cada una de las hipótesis, se realizan como en el modelo de un factor (ver apartado 3.10.).

h) *El ANOVA con medidas repetidas en dos factores en el SPSS 7.5.*

Para obtener un análisis de varianza de dos factores con medidas repetidas en ambos en SPSS hay que elegir en el menú *Modelo Lineal General Medidas repetidas* (ver figura 4 en apartado 3.11.). Esta opción ya ha sido revisada en detalle en el apartado 3.11. por lo que aquí sólo se comenta la forma de proceder en el modelo considerado. El primer cuadro de diálogo que aparece es '*Definir factores*', donde se definen los dos factores intra-sujetos y sus niveles y se pulsa en Añadir (ver figura 13). En nuestro ejemplo el factor *A* tiene dos niveles y el *B* tres.

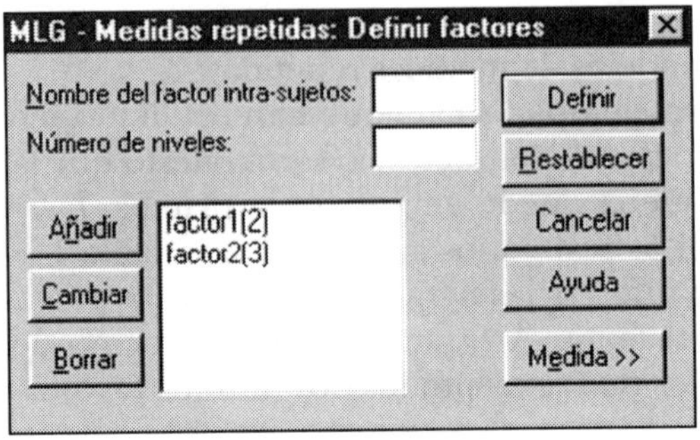

FIGURA 13. *Cuadro de diálogo de definición de dos factores intra-sujetos.*

A continuación se pulsa en Definir para determinar los niveles de los factores intra-sujetos y aparece el cuadro de diálogo general del modelo de medidas repetidas (ver figura 14). En nuestro ejemplo tenemos dos niveles para el primer factor (a1 y a2) y tres para el segundo (b1, b2 y b3). Por tanto, hay que asignar las $JK = 6$ combinaciones (a1b1, a1b2, a1b3, a2b1, a2b2 y a2b3) en el cuadro de variables intra-sujetos.

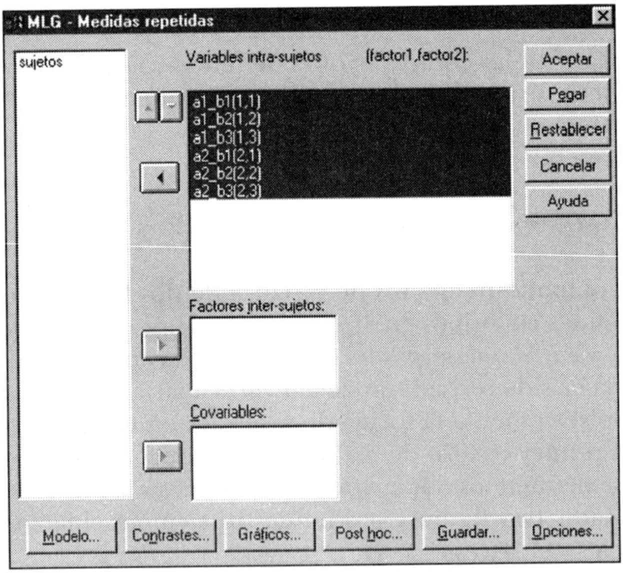

FIGURA 14. *Menú principal del ANOVA de dos factores con medidas repetidas en ambos.*

Como en el modelo de un factor, una vez definidos los niveles de las variables intra-sujetos este cuadro de diálogo permite seleccionar diferentes opciones para el análisis. En la opción "*Modelo*" se especifica el tipo de efectos a estudiar (ver figura 7 en apartado 3.11.a). En este caso, el objetivo es el estudio del efecto principal del factor *A*, el factor *B* y la interacción *AB* por lo que la opción por defecto es adecuada.

La opción "*Contrastes*" se utiliza para estudiar diferencias entre los niveles de un factor (ver figura 15). Se puede especificar un contraste para cada factor en el modelo. Los contrastes polinómicos son los que aparecen por defecto y permiten estudiar las $J-1$ y $K-1$ comparaciones de tendencia para los factores *A*, *B* y para la interacción *AB*. En los resultados aparecen como 'Pruebas de contrastes intra-sujetos'. En nuestro ejemplo, tenemos dos factores intra-sujetos de dos y tres niveles. Por tanto, para el factor *A* es posible contrastar la hipótesis sobre la tendencia lineal y para el factor *B* y la interacción la de tendencia lineal y cuadrática.

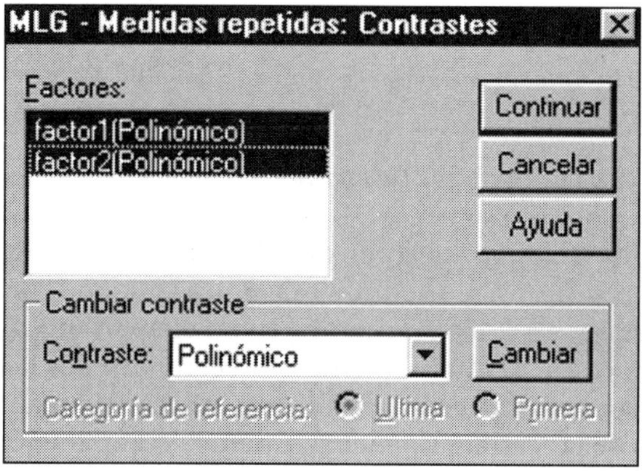

FIGURA 15. *Cuadro de diálogo de la opción 'contrastes'.*

La opción *"Gráficos"* permite comparar las medias marginales en el modelo y los efectos de la interacción. Para especificar un gráfico sobre cada uno de los factores se selecciona el factor correspondiente, se traslada al eje horizontal y se añade a la lista de gráficos. La interacción se representa trasladando uno de los factores al eje horizontal y el otro a la opción 'líneas distintas' (ver figura 16).

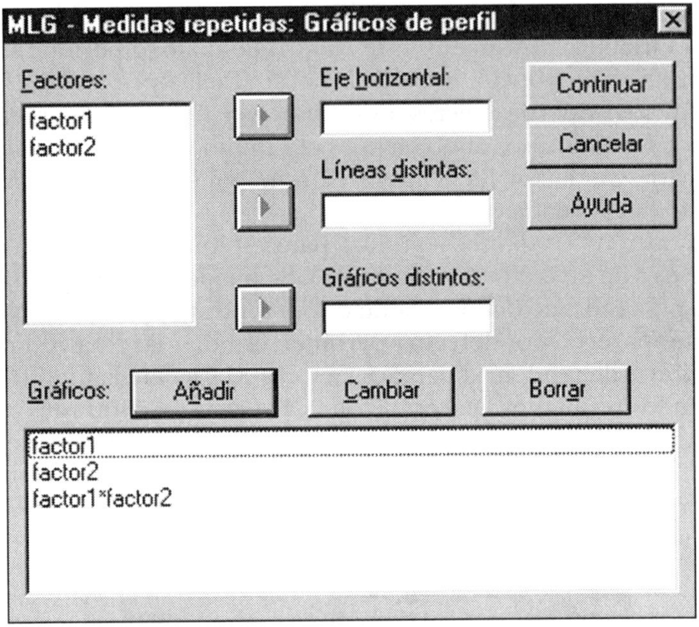

FIGURA 16. *Cuadro de diálogo de la opción 'Gráficos' con dos factores.*

En este caso la opción "*Comparaciones Post Hoc*" tampoco puede utilizarse ya que sólo sirve para factores inter-sujetos fijos. En cuanto a la opción "*Guardar*" permite guardar valores pronosticados por el modelo, residuos y las medidas relacionadas como variables nuevas en el Editor de datos (ver figura 10 en el apartado 3.11.).

Por último, en "*Opciones*" pueden seleccionarse los factores para los que desea realizar estimaciones de las medias marginales poblacionales de las casillas y pruebas T para la comparación entre pares de medias. Para ello se traslada el factor1 y el factor2 al cuadro 'Mostrar medias para' y se activa la opción 'comparar los efectos principales'. El sistema calcula las diferencias por pares de los factores señalados en interacción por defecto. En nuestro ejemplo hay que activar la opción comparar medias para niveles del factor1 y del factor2 (ver figura 17).

En este cuadro de diálogo en la opción Mostrar se puede especificar que los resultados muestren los datos descriptivos (medias, desviaciones típicas y recuentos de todas las variables dependientes de las casillas), estimaciones del tamaño del efecto (eta cuadrado par-

FIGURA 17. *Cuadro de diálogo de la opción 'Opciones' con dos factores.*

cial para cada efecto), estimaciones de parámetros (errores típicos, pruebas *T*, intervalos de confianza y potencia observada para cada prueba) y 'las matrices' de transformación para los contrastes polinómicos (*M*) y de sumas de cuadrados y productos cruzados (*SCPC*) para las hipótesis, el error y los residuos. Por último en la opción Diagnósticos en este caso sólo se permite realizar gráficos de los residuos, los cuales son útiles para investigar el supuesto de varianzas iguales. El α adoptado por defecto es 0.05 pero puede modificarse si se desea.

Una vez seleccionadas todas las opciones se puede ejecutar el análisis MLG-MR de dos factores y observar los resultados obtenidos en el navegador de resultados:*

En primer lugar aparece un cuadro resumen con la especificación del modelo:

---

* Estos resultados son la resolución del mismo ejemplo empleado en este apartado.

Factores intra-sujetos

Medida: MEASURE_1

	FACTOR1					
	1			2		
	FACTOR1			FACTOR2		
	1	2	3	1	2	3
Variable dependiente	A1_B1	A1_B2	A1_B3	A2_B1	A2_B2	A2_B3

A continuación aparecen los estadísticos correspondientes a los contrastes multivariados del modelo:

Contrastes multivariados[a]

Efecto		Valor	F	Gl de la hipótesis	Gl del error	Sig.	Eta cuadrado
FACTOR1	*Traza de Pillai*	0.745	26.270[b]	1.000	9.000	0.001	0.745
	Lambda de Wilks	0.255	26.270[b]	1.000	9.000	0.001	0.745
	Traza de Hotelling	2.919	26.270[b]	1.000	9.000	0.001	0.745
	Raíz mayor de Roy	2.919	26.270[b]	1.000	9.000	0.001	0.745
FACTOR2	*Traza de Pillai*	0.573	5.364[b]	2.000	8.000	0.033	0.573
	Lambda de Wilks	0.427	5.364[b]	2.000	8.000	0.033	0.573
	Traza de Hotelling	1.341	5.364[b]	2.000	8.000	0.033	0.573
	Raíz mayor de Roy	1.341	5.364[b]	2.000	8.000	0.033	0.573
FACTOR1 * FACTOR2	*Traza de Pillai*	0.099	0.442[b]	2.000	8.000	0.658	0.099
	Lambda de Wilks	0.901	0.442[b]	2.000	8.000	0.658	0.099
	Traza de Hotelling	0.110	0.442[b]	2.000	8.000	0.658	0.099
	Raíz mayor de Roy	0.110	0.442[b]	2.000	8.000	0.658	0.099

a. Diseño: Intercept
Diseño intra sujetos: FACTOR1 + FACTOR2 + FACTOR1*FACTOR2

Estas pruebas proporcionan un estadístico *F* que representa el cociente entre dos medias cuadráticas. Cuando el valor de *F* es significativo se puede rechazar la hipótesis nula del MANOVA. En este caso se rechaza la hipótesis nula solamente para los efectos del factor *A* y *B*. Por tanto, los factores *A* y *B* ejercen un efecto significativo sobre la variable dependiente y la interacción *AB* no resulta ejerce ningún efecto. Estos contrastes son útiles para concluir sobre cada una de las hipótesis en el caso de que no se cumpla el supuesto de la esfericidad.

A continuación aparece la comprobación del supuesto de esfericidad mediante la prueba de Mauchly (1940), donde:

Prueba de esfericidad de Mauchly

Medida: MEASURE_1

		Efecto intra-sujetos		
		FACTOR1	FACTOR2	FACTOR1 * FACTOR2
W de Mauchly		1.000	0.700	0.764
Chi-cuadrado aprox.		0.000	2.848	2.158
gl		0	2	2
Sig.		0	0.241	0.340
Epsilon	*Greenhouse-Greiser*	1.000	0.770	0.809
	Huynh-Feldt	1.000	0.897	0.960
	Límite-inferior	1.000	0.500	0.500

Contrasta la hipótesis nula de que la matriz de covarianza de error de las variables dependientes transformadas es proporcional a una matriz de identidad.

Esta prueba se corresponde con las fórmulas (25) y (26) de Mauchly y las fórmulas (27) y (28) de las pruebas $\hat{\varepsilon}$ y $\tilde{\varepsilon}$ correspondientes a cada una de las hipótesis. Como se observa, en el factor *A* no tiene sentido evaluar este supuesto puesto que sólo hay dos niveles. En cuanto al factor *B* puesto que el estadístico $W = 0.70$ no es significativo ($p = 0.241$), se mantiene la hipótesis nula sobre la esfericidad. La matriz de la interacción *AB* también satisface el supuesto de la esfericidad ya que $W = 0.70$ ($p = 0.34$). Estos resultados justifican que se utilice el ANOVA-MR desde el modelo aditivo.

Lo siguiente que aparece son los principales resultados de las tres hipótesis del ANOVA global organizados en tres tablas separadas:

1. En primer lugar se resumen los efectos principales de los factores intra-sujetos A y B y de la interacción AB, con el término error para cada una de las hipótesis desde el enfoque no-aditivo ($MC(A \times \text{Suj.})$, $MC(B \times \text{Suj.})$, y $MC(AB \times \text{Suj.})$), los estadísticos de contraste (F'_A, F'_B y F'_{AB}), su significación y el tamaño del efecto:

Pruebas de efectos intra-sujetos

Medida: MEASURE_1
Esfericidad asumida

Fuente	Suma de cuadrados tipo III	gl	Media cuadrática	F	Sig.	Eta cuadrado
FACTOR1	21.600	1	21.600	26.270	0.001	0.745
Error (FACTOR1)	7.400	9	0.822			
FACTOR2	18.300	2	9.150	6.327	0.008	0.413
Error (FACTOR2)	26.033	18	1.446			
FACTOR1*FACTOR2	0.700	2	0.350	0.259	0.774	0.028
Error (FACTOR1*FACTOR2)	24.300	18	1.350			

Como se observa, los resultados son congruentes con lo encontrado en los contrastes multivariados. Se rechaza la hipótesis sobre el factor A ($F_A = 26.27$; $p = 0.001$) y sobre el factor B ($F_B = 6.327$; $p = 0.008$) mientras que se mantiene la de la interacción AB ($F_{AB} = 0.259$; $p = 0.774$). En cuanto al tamaño del efecto, es mayor para el factor A ($\eta^2_{(A)} = 0.745$ frente a $\eta^2_{(B)} = 0.413$).

2. A continuación aparecen los resultados de las comparaciones de tendencia para las tres hipótesis y su correspondiente MCE_i:

Pruebas de contrastes intra-sujetos

Medida: MEASURE_1

Fuente	Variable transformada	SC	gl	MC	F	Sig.	Eta cuadrado
FACTOR1	FACTOR1_1	21.6	1	21.60	26.3	0.001	0.745
Error (FACTOR1)	FACTOR1_1	7.40	9	0.822			
FACTOR2	FACTOR2_1	18.2	1	18.23	9.10	0.015	0.503
	FACTOR2_2	0.075	1	0.075	0.084	0.778	0.009
Error (FACTOR2)	FACTOR2_1	18.0	9	2.003			
	FACTOR2_2	8.01	9	0.890			
FACTOR1*FACTOR2	FACTOR1_1*FACTOR2_1	0.625	1	0.625	0.849	0.381	0.086
	FACTOR1_1*FACTOR2_2	0.075	1	0.075	0.038	0.849	0.004
Error	FACTOR1_1*FACTOR2_1	6.63	9	0.736			
(FACTOR1*FACTOR2)	FACTOR1_1*FACTOR2_2	17.7	9	1.964			

Como se observa, en las hipótesis rechazadas (las de los efectos principales de *A* y *B*) solamente ha resultado significativa la de la tendencia lineal. Por tanto puede afirmarse que los factores *A* y *B* ejercen un efecto de tipo lineal sobre la variable dependiente. Es decir, la respuesta afectiva hacia el perfume mejora a medida que su grado de concentración y aroma sea mayor. La respuesta afectiva es más positiva cuando el grado de concentración del perfume es alto (2000 ppm) y el aroma fuerte (rosas).

3. Por último aparecen los resultados de la hipótesis sobre los efectos debidos a la variabilidad total (T) y a los sujetos (P_i):

Pruebas de los efectos inter-sujetos

Medida: MEASURE_1
Variable transformada: Promedio

Fuente	Suma de cuadrados tipo III	gl	Media cuadrática	F	Sig.	Eta cuadrado
Intercept	1560.600	1	1560.600	1269.16	0.000	0.993
Error	11.067	9	1.230			

Como se ha especificado en el cuadro de diálogo 'Opciones', a continuación se muestra la estimación de las medias marginales para los niveles de cada factor y la comparación entre pares de medias mediante la prueba *T* y la corrección Bonferroni:

Factor *A*:

Estimaciones

Medida: MEASURE_1

FACTOR1	Media	Error típ.
1	4.50	0.240
2	5.70	0.105

Comparaciones por pares

Medida: MEASURE_1

(I) FACTOR1	(J) FACTOR1	Diferencia entre medias (I-J)	Error típ.	Sig.	Intervalo de confianza al 95% Límite inferior	Intervalo de confianza al 95% Límite superior
1	2	-1.20*	0.234	0.001	-1.730	-0.670
2	1	1.20*	0.234	0.001	0.670	-1.730

Basadas en las medias marginales estimadas.

* La diferencia de las medias es significativa al nivel 0.05.

Factor *B*:

Estimaciones

Medida: MEASURE_1

FACTOR2	Media	Error típ.
1	4.40	0.267
2	5.15	0.211
3	5.75	0.300

Comparaciones por pares

Medida: MEASURE_1

(I) FACTOR1	(J) FACTOR1	Diferencia entre medias (I-J)	Error típ.	Sig.	Intervalo de confianza al 95%	
					Límite inferior	Límite superior
1	2	-0.75*	0.261	0.018	-1.340	-0.160
	3	-1.35*	0.448	0.015	-2.362	-0.338
2	3	-0.60	0.407	0.174	-1.520	0.320
	1	0.75*	0.261	0.018	0.160	1.340
3	2	0.60	0.407	0.174	-0.320	1.520
	1	1.35*	0.448	0.015	0.338	2.362

Basadas en las medias marginales estimadas.

* La diferencia de las medias es significativa al nivel 0.05.

Como se observa en los resultados las diferencias entre los tipos de concentración de perfume son significativas al cinco por 100. Las diferencias entre los tipos de aroma también son significativas en todos los grupos salvo el 2 y el 3, por lo que el grado de concentración de perfume y el tipo de aroma afectan a la respuesta afectiva hacia el perfume, siendo ésta más positiva cuando el perfume tiene mayor concentración y su aroma es el espliego o las rosas. Sin embargo, no puede afirmarse que la interacción entre ambos factores afecte a la respuesta afectiva hacia el perfume, luego 'grado de concentración' y 'tipo de aroma' ejercen efectos separados sobre la misma.

Por último aparecen los gráficos de perfil especificados (uno para cada factor por separado y otro sobre la interacción). Los gráficos reflejan la tendencia lineal de la relación entre cada factor y la variable dependiente y la ausencia de interacción.

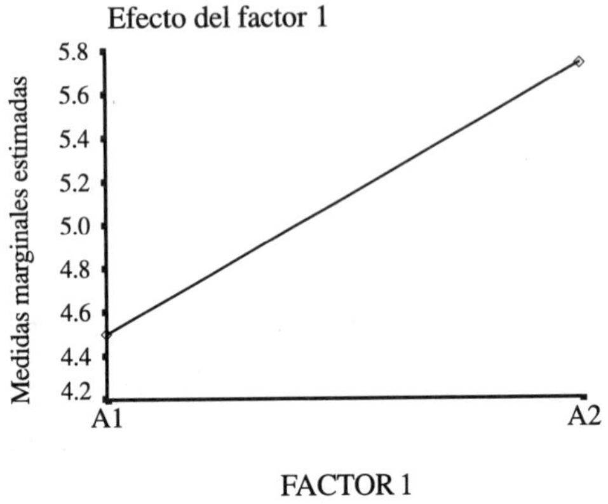
Efecto del factor 1
Medidas marginales estimadas
5.8
5.6
5.4
5.2
5.0
4.8
4.6
4.4
4.2
A1
A2
FACTOR 1

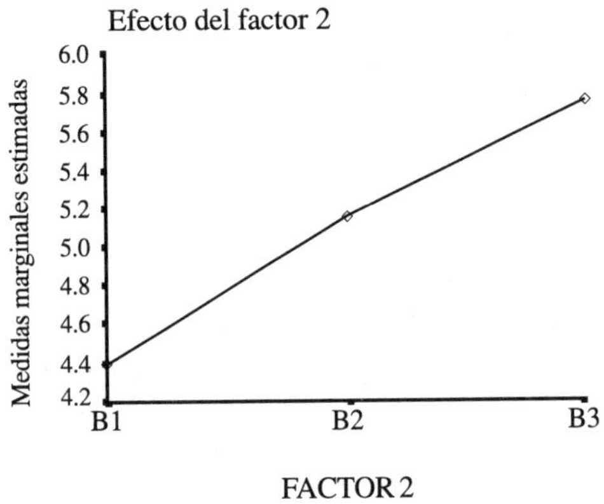
Efecto del factor 2
Medidas marginales estimadas
6.0
5.8
5.6
5.4
5.2
5.0
4.8
4.6
4.4
4.2
B1
B2
B3
FACTOR 2

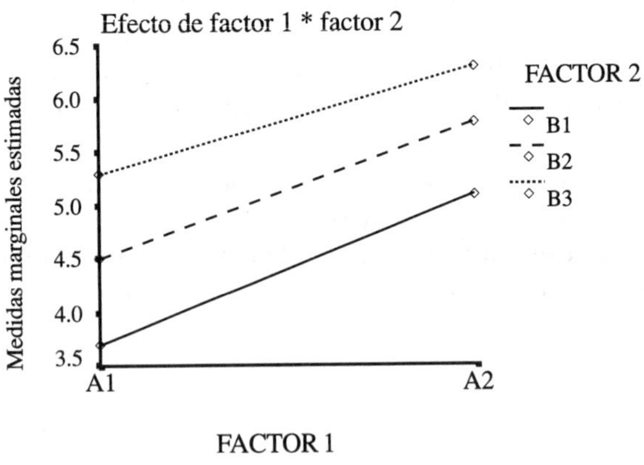
Efecto de factor 1 * factor 2
Medidas marginales estimadas
6.5
6.0
5.5
5.0
4.5
4.0
3.5
A1
A2
FACTOR 2
B1
B2
B3
FACTOR 1

4.2. Medidas repetidas en un solo factor

La extensión del modelo de ANOVA de un factor de efectos fijos completamente aleatorizado a un modelo que incluya un segundo factor con medidas repetidas dentro de los niveles del primero es uno de los más frecuentes en las ciencias sociales. Por ejemplo supóngase que se quiere comprobar si un mismo medicamento en K dosis es eficaz para el tratamiento del insomnio en J categorías. En lugar de recoger información de los JK grupos de combinaciones, se puede agrupar J grupos de sujetos con insomnio y aplicar el medicamento en sus K dosis dentro de cada grupo. De esta forma, el diseño incluiría un primer factor, el de los grupos de sujetos insomnes; y un segundo factor, el de las medidas repetidas de todos los sujetos de los grupos en todas las dosis del medicamento. En definitiva, en este tipo de diseños a todos los sujetos se les aplican todos los niveles de un factor (el factor intra-sujetos o de medidas repetidas) y solamente uno de los niveles del otro factor (el factor inter-sujetos, que divide la muestra en J grupos).

Los diseños que incluyen un factor de tipo inter-sujetos (el factor A) y otro de tipo intra-sujetos (el factor B) se conocen como *diseños mixtos.* Cuando los sujetos se asignan a los niveles del factor A de forma aleatoria, reciben el nombre de *diseños split-plot.* Una de las desventajas de estos diseños es que el efecto del factor inter-sujetos puede confundirse con el del factor intra-sujetos ya que cada grupo de sujetos es asignado solamente a uno de sus A_j niveles. Según esto, los efectos en la variable dependiente pueden deberse al nivel A_j por sí mismo, al factor B, o a ambos en interacción. Por tanto, en este modelo se plantean también tres hipótesis: una referida al efecto del factor inter-sujetos (A), otra al del factor intra-sujetos (B) y una última referida a los efectos de la interacción (AB).

a) *Estructura de los datos y notación*

En este caso estamos ante una situación en la que a J grupos (factor A) con n sujetos en cada uno ($n_j = n$) se le toman K medidas en un factor (B) establecidas por el investigador (*efectos fijos*). Es decir, todos y cada uno de los sujetos que participan en el experimento pasan por todos y cada uno de los niveles del factor B, aunque no del factor A. La muestra total (N) está dividida en J grupos y consta de nJK puntuaciones.

En la tabla 17 aparece la disposición de los datos y la notación utilizada para referirnos a ellos. Y_{ijk} se refiere a la puntuación obtenida en la variable dependiente Y por el sujeto i del grupo j en el nivel k del factor B. Por ejemplo Y_{324} representa la puntuación obtenida por el sujeto 3 del grupo 2 (del factor A) en el nivel 4 del factor B. Los niveles del factor A están representados por $A_1, A_2, \ldots, A_j, \ldots, A_J$; y la notación genérica para ellos es A_j ($j = 1, 2, \ldots J$). Los niveles del factor B están representados por $B_1, B_2, \ldots, B_k, \ldots, B_K$; y la notación genérica para ellos es B_k ($k = 1, 2, \ldots K$). Por último, los n sujetos del grupo j están representados mediante $P_{1_j}, P_{2_j}, \ldots, P_{i_j}, \ldots, P_{n_j}$; y la notación genérica para ellos es P_{i_j} ($i = 1, 2, \ldots n$).

TABLA 17. *Estructura de los datos y notación en un diseño de ANOVA de dos factores mixto (factor A: inter-sujetos y factor B: intra-sujetos) de efectos fijos.*

	A_1	. . .	A_j	. . .	A_J
Sujetos:	$B_1 \ldots B_k \ldots B_K$	Suj.:	$B_1 \ldots B_k \ldots B_K$	Suj.:	$B_1 \ldots B_k \ldots B_K$
P_{1_1}	$Y_{111} \ldots Y_{11k} \ldots Y_{11K}$	P_{1_j}	$Y_{1j1} \ldots Y_{1jk} \ldots Y_{1jK}$	P_{1_J}	$Y_{1J1} \ldots Y_{1Jk} \ldots Y_{1JK}$
P_{2_1}	$Y_{211} \ldots Y_{21k} \ldots Y_{21K}$	P_{2_j}	$Y_{2j1} \ldots Y_{2jk} \ldots Y_{2jK}$	P_{2_J}	$Y_{2J1} \ldots Y_{2Jk} \ldots Y_{2JK}$
⋮	⋮ … ⋮ … ⋮	⋮	⋮ … ⋮ … ⋮	⋮	⋮ … ⋮ … ⋮
P_{i_1}	$Y_{i11} \ldots Y_{i1k} \ldots Y_{i1K}$	P_{i_j}	$Y_{ij1} \ldots Y_{ijk} \ldots Y_{ijK}$	P_{i_J}	$Y_{iJ1} \ldots Y_{iJk} \ldots Y_{iJK}$
⋮	⋮ … ⋮ … ⋮	⋮	⋮ … ⋮ … ⋮	⋮	⋮ … ⋮ … ⋮
P_{n_1}	$Y_{n11} \ldots Y_{n1k} \ldots Y_{n1K}$	P_{n_j}	$Y_{nj1} \ldots Y_{njk} \ldots Y_{njK}$	P_{n_J}	$Y_{nJ1} \ldots Y_{nJk} \ldots Y_{nJK}$

Sumando las puntuaciones de las casillas obtenemos los siguientes totales y medias:

$$T = \sum_i \sum_j \sum_k Y_{ijk} \qquad \overline{Y} = \frac{T}{nJK}$$

$$T_{+j+} = \sum_i \sum_k Y_{ijk} \qquad \overline{Y}_{+j+} = \frac{T_{+j+}}{nK}$$

$$T_{++k} = \sum_i \sum_j Y_{ijk} \qquad \overline{Y}_{++k} = \frac{T_{++k}}{nJ}$$

$$T_{ij+} = \sum_k Y_{ijk} \qquad \overline{Y}_{ij+} = \frac{T_{ij+}}{K}$$

$$T_{+jk} = \sum_i Y_{ijk} \qquad \overline{Y}_{+jk} = \frac{T_{+jk}}{n}$$

b) *Modelo y supuestos*

El modelo de ANOVA de dos factores con medidas repetidas en uno de ellos es una versión del modelo lineal general adaptado al caso en el que hay dos variables independientes; una que divide la muestra en dos o más grupos y otra referida a la muestra total. El modelo que describe la puntuación de cada sujeto en la variable dependiente, Y_{ijk}, es el siguiente:

$$Y_{ijk} = \mu + \alpha_j + \beta_k + (\alpha\beta)_{jk} + P_{i_j} + (P\beta)_{i_jk} + E_{ijk} \qquad (56)$$

Donde:

1. Y_{ijk} es la puntuación obtenida en la variable Y por el sujeto i del grupo j en el tratamiento k del factor B.
2. μ es un parámetro cuyo valor representa la media total o la parte de Y_{ijk} que todos los sujetos tienen en común, y se calcula mediante:

$$\mu = \frac{\sum \mu_{+jk}}{JK}$$

Siendo su estimador: $\hat{\mu} = \overline{Y}$

3. El parámetro α_j representa el efecto propio del *j*-ésimo nivel del factor A o el efecto atribuible al grupo j bajo el que se obtuvo la puntuación Y_{ijk}:

$$\alpha_j = \mu_{+j+} - \mu$$
$$\hat{\alpha}_j = \overline{Y}_{+j+} - \overline{Y}$$

4. El parámetro β_k representa el efecto propio del *k*-ésimo nivel del factor B o el efecto atribuible al tratamiento k bajo el que se obtuvo la puntuación Y_{ijk}:

$$\beta_k = \mu_{++k} - \mu$$
$$\hat{\beta}_j = \overline{Y}_{++k} - \overline{Y}$$

5. $(\alpha\beta)_{jk}$ representa el efecto de la interacción entre el grupo j del factor A y el nivel k del factor B:

$$(\alpha\beta)_{jk} = \mu_{+jk} - \mu_{+j+} - \mu_{++k} + \mu$$
$$(\widehat{\alpha\beta})_{jk} = \overline{Y}_{+jk} - \overline{Y}_{+j+} - \overline{Y}_{++k} + \overline{Y}$$

6. P_i se refiere a los efectos debidos a las diferencias entre los sujetos:

$$P_i = \mu_{i++} - \mu_{+j+}$$
$$\hat{P}_i = \overline{Y}_{i++} - \overline{Y}_{+j+}$$

7. $(P\beta)_{ijk}$ representa el término de *errores aleatorios* o las desviaciones de las puntuaciones del sujeto i respecto al promedio de su grupo y de los tratamientos:

$$(P\beta)_{ijk} = Y_{ijk} - \mu_{+jk} - \mu_{i++} + \mu_{+j+}$$
$$(\widehat{P\beta})_{ijk} = Y_{ijk} - \overline{Y}_{+jk} - \overline{Y}_{i++} + \overline{Y}_{+j+}$$

8. E_{ijk} representa el término de *errores aleatorios* o las desviaciones de las puntuaciones del sujeto i respecto al promedio de su grupo y de los tratamientos:

$$E_{ijk} = Y_{ijk} - \mu_{+j+} - \mu_{++k} - \mu_{i++} + \mu$$
$$\hat{E}_{ijk} = Y_{ijk} - \overline{Y}_{+j+} - \overline{Y}_{++k} - \overline{Y}_{i++} + \overline{Y}$$

Los términos P_i, $(P\beta)_{ijk}$ y E_{ijk} son independientes y normales con media 0 y varianza σ_p^2, $\sigma_{p\beta}^2$ y σ_e^2, respectivamente. Como en otros modelos de medidas repetidas, el modelo mixto implica que las puntuaciones en la variable Y_{ijk} son normales, independientes y que existe homogeneidad en las varianzas de las variables y de las diferencias entre variables (Brown y Forsythe, 1974; Looney y Stanley, 1989). Sin embargo, en este caso el factor intra-sujetos es el único que asume el supuesto de esfericidad para sus K niveles dentro de cada nivel A_j del factor inter-sujetos. Esto es, la matriz Σ de los K niveles del factor B ha de ser esférica e igual para todos los grupos A_j. Huynh (1978) se refiere a este doble supuesto como *esfericidad multimuestra.* La prueba de Box (1954) contrasta la hipótesis nula de que las matrices de covarianza observadas son iguales en los J grupos y la prueba de Levene, la de que la varianza error es igual en todos los grupos. En cuanto al supuesto de esfericidad para el factor B y la interacción, se estudia como en los restantes modelos.

En el caso de violación del supuesto de esfericidad, el contraste de la hipótesis sobre los efectos de la interacción es más sensible al error tipo I (Huynh y Feldt, 1980). Teniendo en cuenta que este supuesto no se cumple en la mayoría de los casos, es preciso recurrir a técnicas alternativas de corrección. Los enfoques para corregir la ausencia de esfericidad varían en función de su robustez. El menos robusto es la corrección $\hat{\varepsilon}$ de Greenhouse y Geisser (1959); le sigue la corrección $\tilde{\varepsilon}$ de Huynh y Feldt (1970) y los contrastes MANOVA. La robustez varía también en función del grado de la desviación de la esfericidad, del tipo de distribución de las puntuaciones, del tamaño de la muestra y del número de niveles del factor intra-sujetos en comparación con el tamaño de la muestra. Por ejemplo, cuando la desviación de la esfericidad es pequeña ($\varepsilon \geq 0.75$) el ajuste de los grados de libertad puede hacerse mediante $\tilde{\varepsilon}$ pero sólo cuando la muestra es mayor que el número de niveles del factor intra-sujetos (Rogan et al., 1979) y el factor inter-sujetos tiene sólo dos niveles (Maxwell y Arvey, 1982). Por el contrario, cuando la desviación hacia a la esfericidad es mayor ($\varepsilon < 0.75$) la corrección $\hat{\varepsilon}$ es más robusta, especialmente si el factor inter-sujetos tiene más de dos niveles, la muestra es amplia y los datos siguen el modelo de distribución normal (Maxwell y Arvey, 1982). En cuanto al enfoque MANOVA algunos autores recomiendan que es preferible al ANOVA, especialmente cuando la muestra es grande (McCall y Applebaum, 1973; Maxwell y Arvey, 1982; O'Brien y Kaiser, 1985; Rogan et al., 1979) aunque otros recomiendan que se utilicen ambos (Looney y Stanley, 1989).

c) *Los estadísticos de contraste*

El modelo ANOVA de dos factores mixto es un contraste en el que se ponen a prueba las mismas tres hipótesis que en el modelo de dos factores con medidas repetidas en ambos (ver tabla 20). Partiendo del modelo planteado y sus supuestos podemos derivar los estadísticos de contraste con distribución muestral conocida que permitan poner a prueba las hipótesis planteadas. Si sustituimos los valores poblacionales del modelo planteado en (56) por sus correspondientes estimadores y trasladamos a la izquierda el término $\overline{Y}$ se obtienen las siete fuentes de variabilidad del modelo:

$$Y_{ijk}-\overline{Y}=(\overline{Y}_{+j+}-\overline{Y})+(\overline{Y}_{++k}-\overline{Y})+(\overline{Y}_{+jk}-\overline{Y}_{+j+}-\overline{Y}_{++k}+\overline{Y})+(\overline{Y}_{i++}-\overline{Y}_{+j+})+$$

$$+(Y_{ijk}-\overline{Y}_{+jk}-\overline{Y}_{i++}+\overline{Y}_{+j+})+(Y_{ijk}-\overline{Y}_{+j+}-\overline{Y}_{++k}-\overline{Y}_{i++}+\overline{Y}) \qquad (57)$$

Si, como en los modelos anteriores, se calculan las sumas de cuadrados de cada uno de los términos de (57) en el conjunto de las N puntuaciones y se transforman, finalmente se obtienen las correspondientes sumas de cuadrados y sus grados de libertad:

$$SCT=\sum_i\sum_j\sum_k Y_{ijk}^2-\frac{T^2}{N} \qquad N-1$$

$$SCInter=\sum_i\sum_j\frac{T_{ij+}^2}{K}-\frac{T^2}{N} \qquad nJ-1$$

$$SCA=\sum_j\frac{T_{+j+}^2}{nK}-\frac{T^2}{N} \qquad J-1$$

$$SCP=\sum_i\sum_j\frac{T_{ij+}^2}{K}-\sum_j\frac{T_{+j+}^2}{nK} \qquad J(n-1)$$

$$SCIntra = \sum_i \sum_j \sum_k Y_{ijk}^2 - \sum_i \sum_j \frac{T_{ij+}^2}{K} \qquad nJ(K-1)$$

$$SCB = \sum_k \frac{T_{++k}^2}{nJ} - \frac{T^2}{N} \qquad K-1$$

$$SCAB = \sum_j \sum_k \frac{T_{+jk}^2}{n} - \sum_j \frac{T_{+j+}^2}{nK} - \sum_k \frac{T_{++k}^2}{nJ} + \frac{T^2}{N} \qquad (J-1)(K-1)$$

$$SC(B \text{ x Suj.}) = \sum_i \sum_j \sum_k Y_{ijk}^2 - \sum_i \sum_j \frac{T_{ij+}^2}{K} -$$

$$- \sum_j \sum_k \frac{T_{jk+}^2}{n} + \sum_j \frac{T_{+j+}^2}{nK} \qquad J(K-1)(n-1)$$

En cuanto a las medias cuadráticas, su formulación y valores esperados aparecen en la tabla 18 (para más detalle ver Kirk, 1982, pág. 499).

TABLA 18. *Medias cuadráticas y valores esperados en el modelo de dos factores con medidas repetidas en uno solo.*

Fuente de variación	Media cuadrática	Valor esperado
Factor *A*	$MCA = \frac{SCA}{J-1}$	$\sigma^2 + K\sigma_p^2 + nK\sigma_\alpha^2$
Sujetos (*P*)	$MCP = \frac{SCP}{J(n-1)}$	$\sigma^2 + K\sigma_p^2$
Factor *B*	$MCB = \frac{SCB}{K-1}$	$\sigma^2 + \sigma_{\beta p}^2 + nJ\sigma_\beta^2$
Interacción *AB*	$MCAB = \frac{SCAB}{(J-1)(K-1)}$	$\sigma^2 + \sigma_{\beta p}^2 + n\sigma_{\alpha\beta}^2$
B × Sujetos	$MC(B \times \text{Suj.}) = \frac{SC(B \times \text{Suj.})}{(J-1)(K-1)}$	$\sigma^2 + \sigma_{\beta p}^2$

Por último, cada estadístico de contraste resulta del cociente entre la media cuadrática de la fuente de variabilidad y su correspondiente media cuadrática error (la intra-sujetos, $MC(\text{B} \times \text{Suj.})$ y la inter-sujetos, MCP). Es decir:

$$F_A = \frac{MCA}{MCP} \qquad F_B = \frac{MCB}{MC(B \times \text{Suj.})} \qquad F_{AB} = \frac{MCAB}{MC(B \times \text{Suj.})} \tag{58}$$

Cada uno de los estadísticos se distribuye según F con los grados de libertad del numerador y del denominador (ver tabla 19).

d) *Tabla resumen del ANOVA de dos factores con MR en un factor*

Los resultados de los cálculos relacionados con el modelo planteado se resumen en la tabla 19. Asimismo, la tabla 20 ofrece un resumen del procedimiento seguido en el contraste de la hipótesis del modelo de ANOVA de dos factores con medidas repetidas en uno solo.

TABLA 19. *Tabla-Resumen del ANOVA de dos factores mixto.*

FV	SC	g.l.	MC	F
Inter-sujetos	*SCInter*	$nJ - 1$		
Factor *A (A)*	*SCA*	$J - 1$	*MCA*	$F_A = \frac{MCA}{MCP}$
Sujetos (*P*)	*SCP*	$J(n - 1)$	*MCP*	
Intra-sujetos	*SCIntra*	$nJ(K - 1)$		
Factor *B*	*SCB*	$K - 1$	*MCB*	$F_B = \frac{MCB}{MC(B \times \text{Suj.})}$
Interacción *AB*	*SCAB*	$(J - 1)(K - 1)$	*MCAB*	$F_{AB} = \frac{MCAB}{MC(B \times \text{Suj.})}$
$B \times$ Sujetos	$SC(B \times \text{Suj.})$	$J(K - 1)(n - 1)$		
Total (*T*)	*SCT*	$N - 1$		

Siguiendo el esquema de otros apartados, las *medidas del tamaño del efecto* (los parámetros η^2 y ω^2) pueden calcularse para cada una de las hipótesis rechazada. El procedimiento es el mismo que en los restantes modelos (ver apartados 3.8. y 4.1.f) con la diferencia de que el denominador de ω^2 incluye las fuentes de variabilidad de este modelo: $SCT + MCP + n_{ij}\, K\, MC(B \times \text{Suj.})$.

En cuanto a las comparaciones entre medias en este caso hay que distinguir entre los métodos empleados para cada uno de los factores. Para el factor inter-sujetos, puesto que no se ve afectado por el supuesto de esfericidad, puede emplearse cualquiera de las técnicas clásicas de comparaciones múltiples revisadas en el apartado 3.9., aunque se recomiendan las pruebas post-hoc como la de Tukey y Scheffé bajo el supuesto de homocedasticidad y con los grados de libertad y términos error apropiados para cada comparación (Boik, 1981). En cuanto al factor intra-sujetos o de medidas repetidas, al igual que en los modelos revisados en otros apartados puede emplearse la prueba T y la corrección Dunn-Bonferroni (para más detalle ver Girden, 1992, págs. 50-55; o Pardo y San Martín, 1999, págs. 372-376).

TABLA 20. *Resumen del modelo de ANOVA de dos factores con medidas repetidas en uno.*

1. *Planteamiento de las hipótesis*

$H_{0(A)}$: $\mu_{+1+} = \mu_{+2+} = \dots \mu_{+j+} = \mu_{+J+}$; o bien $\alpha_j = 0$ para todo valor de j o j' $(j \neq j')$

$H_{1(A)}$: $\mu_{+j+} \neq \mu_{+j'+}$ para algún valor de j o de j' $(j \neq j')$

$H_{0(B)}$: $\mu_{++1} = \mu_{++2} = \dots \mu_{++k} = \mu_{++K}$; o bien $\beta_k = 0$ para todo valor de k o k' $(k \neq k')$

$H_{1(B)}$: $\mu_{++k} \neq \mu_{++k'}$ para algún valor de k o de k' $(k \neq k')$

$H_{0(AB)}$: $\mu_{+jk} - \mu_{+j'k} = \mu_{+j+} - \mu_{+j'+}$; o bien $(\alpha\beta)_{jk} = 0$ para todo valor de j o k

$H_{1(AB)}$: $\mu_{+jk} - \mu_{+j'k} \neq \mu_{+j+} - \mu_{+j'+}$ para algún valor de j, j' o k $(j \neq j')$

2. *Supuestos*

Independencia, normalidad, homocedasticidad y covarianzas iguales entre los niveles del factor intra-sujetos dentro de cada nivel del factor inter-sujetos.

3. *Estadísticos de contraste*

$$F_A = \frac{MCA}{MCP} \cong F_{J-1, J(n-1)}$$

$$F_B = \frac{MCB}{MC(B \times \text{Suj.})} \cong F_{K-1, J(K-1)(n-1)}$$

$$F_{AB} = \frac{MCAB}{MC(B \times \text{Suj.})} \cong F_{(J-1)(K-1), J(K-1)(n-1)}$$

4. *Zona crítica*

Está formada por los valores de los estadísticos de contraste mayores que su punto crítico:

$$F_A \geq {}_{1-\alpha}F_{J-1, J(n-1)}; \; F_B \geq {}_{1-\alpha}F_{K-1, J(K-1)(n-1)};$$

$$\text{y} \quad F_{AB} \geq {}_{1-\alpha}F_{(J-1)(K-1), J(K-1)(n-1)}$$

5. *Regla de decisión*

Rechazar cada H_0 si su estadístico cae en la zona crítica; mantener en caso contrario.

e) *Ejemplo*

Volvamos el ejemplo del ANOVA de un factor con medidas repetidas en el que se estudiaba la respuesta afectiva hacia un perfume en cuatro grados diferentes de concentración (ver apartado 3.6.).

Este ejemplo puede ampliarse si se incluye un factor de tipo inter-sujetos que divida la muestra en diferentes grupos. Por ejemplo, el sexo puede emplearse como criterio clasificador y constituir el factor A con dos niveles (A_1: varones, A_2: mujeres). El factor B, grado de concentración del perfume, es de tipo intra-sujetos y tiene cuatro niveles por los que pasan todos los sujetos (B_1: 500 ppm, B_2: 1000 ppm, B_3: 1500 ppm y B_4: 2000 ppm). En este caso el objetivo es estudiar el efecto del sexo, el grado de concentración del perfume y el de ambos en interacción sobre la respuesta afectiva hacia el perfume, por lo que se plantearán tres hipótesis. Los resultados obtenidos con datos de una muestra de 20 sujetos aparecen en la tabla 21.

TABLA 21. *Respuesta afectiva hacia un perfume en función del grado de concentración aromática del perfume en un grupo de varones y otro de mujeres.*

	Varones				Mujeres			
	Concentración del perfume				Concentración del perfume			
Sujetos:	1	2	3	4	1	2	3	4
1	1	3	4	4	2	5	4	6
2	2	2	5	6	4	2	5	4
3	1	4	1	7	1	3	4	7
4	1	4	4	5	2	3	5	4
5	3	2	4	3	1	3	6	5
6	1	2	3	6	2	3	5	4
7	2	2	5	5	3	4	4	4
8	1	3	5	3	3	4	7	4
9	2	3	3	3	4	3	4	5
10	2	2	5	6	2	4	4	6

Como se observa, se trata de un diseño de dos factores de tipo mixto. El primer factor (factor A) de tipo inter-sujetos tiene dos niveles ($J = 2$) que dividen la muestra por la mitad (varones y mujeres). El segundo factor (factor B) tiene cuatro niveles ($K = 4$) por los que pasan todos los sujetos, luego es el factor intra-sujetos. La variable dependiente (*respuesta afectiva hacia el perfume*) se ha medido a través de las evaluaciones de 10 varones y 10 mujeres. El modelo apropiado para analizar estos datos y determinar si el sexo y el grado de concentración aromática del perfume afectan a la respuesta afectiva hacia el mismo es el del ANOVA de dos factores mixto (un factor inter-sujetos y otro con medidas repetidas).

Comencemos haciendo los cálculos para construir la tabla-resumen del ANOVA:

Donde:

$$\sum_i \sum_j \sum_k Y_{ijk}^2 = 1^2 + 3^2 + 4^2 + \ldots + 6^2 = 1207.$$

$$\sum_i \sum_j \sum_k Y_{ijk} = 1 + 3 + 4 + \ldots + 6 = 285 = T.$$

$$T^2 = 81225. \qquad N = 80.$$

Sumas de cuadrados:

$$SCT = \sum_i \sum_j \sum_k Y_{ijk}^2 - \frac{T^2}{N} = 1207 - \frac{81225}{80} = 1207 - 1015.31 = 191.69$$

$$SCInter = \sum_i \sum_j \frac{T_{ij+}^2}{K} - \frac{T^2}{N} = \frac{12^2 + 15^2 + 13^2 + \ldots + 16^2}{4} - 1015.31 =$$

$$= 1031.25 - 1015.31 = 15.94$$

$$SCA = \sum_j \frac{T_{+j+}^2}{nK} - \frac{T^2}{N} = \frac{130^2 + 155^2}{40} - 1015.31 =$$

$$= 1023.12 - 1015.31 = 7.81$$

$$SCP = \sum_i \sum_j \frac{T_{ij+}^2}{K} - \sum_j \frac{T_{+j+}^2}{nK} = 1031.25 - 1023.12 = 8.13$$

$$SCIntra = \sum_i \sum_j \sum_k Y_{ijk}^2 - \sum_i \sum_j \frac{T_{ij+}^2}{K} = 1207 - 1031.25 = 175.75$$

$$SCB = \sum_k \frac{T_{++k}^2}{nJ} - \frac{T^2}{N} = \frac{171^2 + 47^2 + 63^2 + 82^2}{20} - 1015.31 =$$

$$= 1114.95 - 1015.31 = 99.64$$

$$SCAB = \sum_j \sum_k \frac{T_{+jk}^2}{n} - \sum_j \frac{T_{+j+}^2}{nK} - \sum_k \frac{T_{++k}^2}{nJ} + \frac{T^2}{N} =$$

$$= 1124.7 - 1023.12 - 1114.95 + 1015.31 = 1.94$$

$$SC(B \times \text{Suj.}) = \sum_i \sum_j \sum_k Y_{ijk}^2 - \sum_i \sum_j \frac{T_{ij+}^2}{K} - \sum_j \sum_k \frac{T_{+jk}^2}{n} + \sum_j \frac{T_{+j+}^2}{nK} =$$

$$= 1207 - 1031.25 - 1124.7 + 1023.12 = 74.17$$

Grados de libertad:

Inter: $nJ - 1 = 20 - 1 = 19$

A: $J - 1 = 2 - 1 = 1$

P: $J(n - 1) = 2\,(10 - 1) = 18$

Intra: $nJ\,(K - 1) = (20)\,(3) = 60$

B: $K - 1 = 4 - 1 = 3$

AB: $(J - 1)\,(K - 1) = 3$

$B \times$ Suj.: $J(K - 1)\,(n - 1) = (6)\,(9) = 54$

Total: $N - 1 = 79$

Medias cuadráticas:

$$MCA = \frac{SCA}{J-1} = \frac{7.81}{1} = 7.81$$

$$MCP = \frac{SCP}{J(n-1)} = \frac{8.13}{18} = 0.45$$

$$MCB = \frac{SCB}{K-1} = \frac{99.64}{3} = 33.21$$

$$MCAB = \frac{SCAB}{(J-1)(K-1)} = \frac{1.94}{3} = 0.65$$

$$MC(B \times \text{Suj.}) = \frac{SC(B \times \text{Suj.})}{J(K-1)(n-1)} = \frac{74.17}{54} = 1.37$$

TABLA 22. *Tabla-Resumen del ANOVA de dos factores mixto.*

FV	SC	g.l.	MC	F
Inter-sujetos	15.94	19		
Factor *A*	7.81	1	7.81	17.35
Sujetos (*P*)	8.13	18	0.45	
Intra-sujetos	175.75	60		
Factor *B*	99.64	3	33.21	24.18
Interacción *AB*	1.94	3	0.65	0.47
$B \times$ Sujetos	74.17	54	1.37	
Total (*T*)	191.69	79		

Siguiendo el esquema de la tabla 20:

1) *Planteamiento de las hipótesis:*

$H_{0(A)}$: $\mu_{+1+} = \mu_{+2+}$; o bien $\alpha_j = 0$ para todo valor de j
Los varones y las mujeres tienen la misma respuesta afectiva hacia el perfume

$H_{1(A)}$: $\mu_{+j+} \neq \mu_{+2+}$; o bien $\alpha_j \neq 0$ para algún valor de j
Los varones y las mujeres no tienen la misma respuesta afectiva hacia el perfume

$H_{0(B)}$: $\mu_{++1} = \mu_{++2} = \mu_{++3} = \mu_{++4}$; o bien $\beta_k = 0$ para todo valor de k
Todos los grados de concentración del perfume producen la misma respuesta afectiva

$H_{1(B)}$: $\mu_{++k} \neq \mu_{++k'}$ para algún valor de k o k' $(k \neq k')$
Al menos existen diferencias entre dos grados de concentración del perfume en relación con la respuesta afectiva que producen

$H_{0(AB)}$: $\mu_{+jk} - \mu_{+j'k} = \mu_{+j+} - \mu_{+j'+}$;
o bien $\alpha\beta_{jk} = 0$ para todo valor de j o k

$H_{1(AB)}$: $\mu_{+jk} - \mu_{+j'k} \neq \mu_{+j+} - \mu_{+j'+}$ para algún valor de j, j' o k $(j \neq j')$
La interacción entre la variable sexo y el grado de concentración del perfume produce un efecto significativo sobre la respuesta afectiva hacia el mismo

2) *Supuestos:*

Tanto la prueba de Box como la de Levene presentan estadísticos no significativos por lo que existe homogeneidad en las varianzas de las variables y en las del error (ver apartado 4.2.f para resultados). La prueba de esfericidad de Mauchly ofrece un estadístico $W = 0.67$ no significativo ($p = 0.30$) donde el límite inferior del parámetro *epsilon* es 0.33 y $\hat{\varepsilon} = 0.792$ y $\tilde{\varepsilon} = 0.971$. En cuanto a los contrastes multivariados (traza de Hotelling, lambda de Wilks, traza de Pillai y raíz mayor de Roy) todos sus estadísticos son significativos para el factor *B*, aunque no para la interacción *AB*. Por tanto, la matriz de varianzas-covarianzas del factor intra-sujetos (*B*) presenta la propiedad de esfericidad tanto en el grupo de varones (A_1) como en el de mujeres (A_2).

3) *Estadísticos de contraste:*

$$F_A = \frac{MCA}{MCP} = \frac{7{,}81}{0{,}45} = 17.35$$

$$F_B = \frac{MCB}{MC(B \times \text{Suj.})} = \frac{33.21}{1.37} = 24.18$$

$$F_{AB} = \frac{MCAB}{MC(B \times \text{Suj.})} = \frac{0.65}{1.37} = 0.47$$

4) *Decisión y conclusión:*

a) *Hipótesis sobre A*:
Como se observa en la tabla 22, F_A se distribuye según F con 1 y 18 grados de libertad; donde: ${}_{0.95}F_{1.18} = 4.41$ (*vid.*

Monografía de Tablas Estadísticas). Puesto que F_A tiene un valor superior a su punto crítico (17.35 > 4.41) se rechaza $H_{0(A)}$ y se concluye que el factor A ejerce un efecto sobre la variable dependiente.

b) *Hipótesis sobre B*:
F_B se distribuye según F con 3 y 54 grados de libertad; y ${}_{0.95}F_{3.54} = 2.76$. Puesto que F_B tiene un valor superior a su punto crítico (24.18 > 2.76), se rechaza $H_{0(B)}$ y se concluye que el factor B ejerce un efecto sobre la variable dependiente.

c) *Hipótesis sobre la interacción AB*:
F_{AB} se distribuye según F con 3 y 54 grados de libertad; y ${}_{0.95}F_{3.54} = 2.76$. Puesto que F_{AB} tiene un valor inferior a su punto crítico (0.47 < 2.76), se mantiene $H_{0(AB)}$ por lo que la interacción entre los factores A y B no ejerce ningún efecto sobre la variable dependiente. Una representación gráfica de la relación entre las variables refleja más claramente el efecto de la interacción (ver figura 18). Para ello es necesario obtener las medias $\bar{Y}_{+jk}$:

	B_1	B_2	B_3	B_4	
Varones	1.60	2.70	3.90	4.80	3.25
Mujeres	2.40	3.40	4.80	4.90	3.88
	2.00	3.05	4.35	4.85	3.56

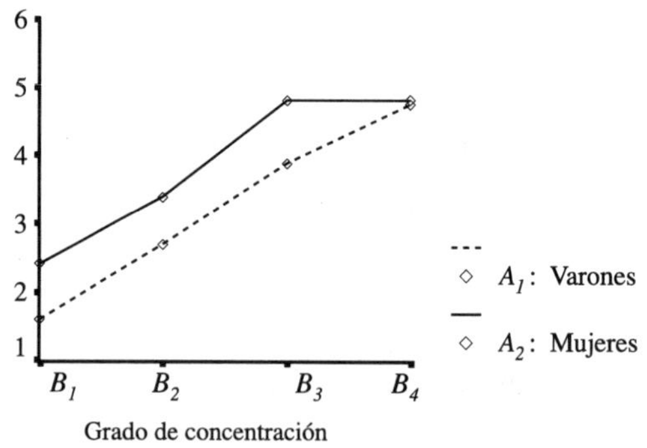

FIGURA 18. *Representación gráfica de la interacción entre el grado de concentración del perfume (B_1, B_2, B_3 y B_4) y el sexo en relación con la respuesta afectiva hacia el perfume.*

Como se observa en la gráfica, la respuesta afectiva hacia el perfume mejora a medida que su concentración es mayor y es más positiva en el grupo de mujeres.

f) *El ANOVA con medidas repetidas en un solo factor en el SPSS 7.5.*

En los modelos de análisis de varianza mixtos se cuenta con una muestra de *n* sujetos que son evaluados en las *K* categorías de un factor intra-sujetos y con un factor inter-sujetos que divide a la muestra en *J* grupos diferentes. En nuestro ejemplo, hay datos sobre la respuesta afectiva de veinte sujetos hacia un perfume en cuatro grados de concentración y la muestra está dividida en dos grupos (varones y mujeres) de igual tamaño. Por tanto, 'sexo' es el factor inter-sujetos y 'grado de concentración del perfume' el factor intra-sujetos. En este caso los datos no se introducen en el Editor de datos de SPSS de la misma forma que en la tabla 21, sino que es necesario incluir una variable para el factor inter-sujetos que divida la muestra en *J* grupos discretos (por ejemplo, 1: varón y 2: mujer) y *K* variables para cada uno de los niveles del factor intra-sujetos (por ejemplo: a1, a2, a3 y a4) por donde pasan todos los sujetos. En la figura 19 se muestra un ejemplo para la mitad de los datos de la tabla 21.

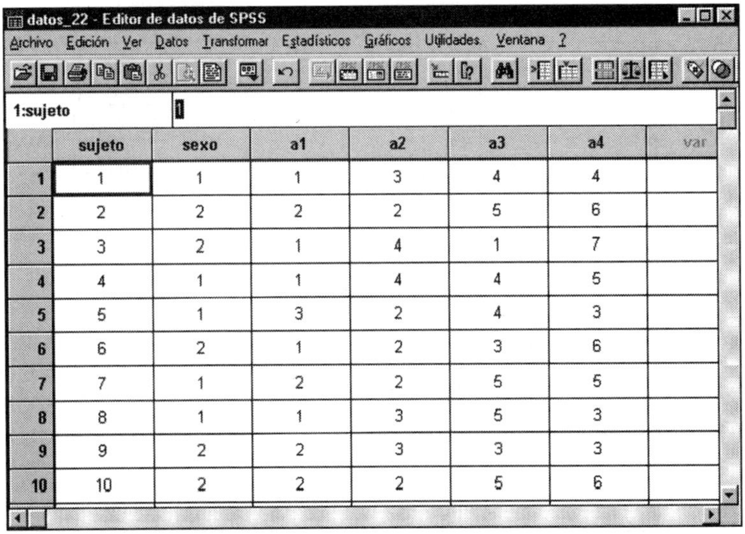

	sujeto	sexo	a1	a2	a3	a4	var
1	1	1	1	3	4	4	
2	2	2	2	2	5	6	
3	3	2	1	4	1	7	
4	4	1	1	4	4	5	
5	5	1	3	2	4	3	
6	6	2	1	2	3	6	
7	7	1	2	2	5	5	
8	8	1	1	3	5	3	
9	9	2	2	3	3	3	
10	10	2	2	2	5	6	

FIGURA 19. *Ejemplo de disposición de datos en un modelo de dos factores mixto.*

Para analizar el ANOVA de dos factores mixto se selecciona el menú *Modelo Lineal General-Medidas Repetidas* de SPSS. En el primer cuadro de diálogo se especifica solamente el factor intra-sujetos y su número de niveles (ver figura 20).

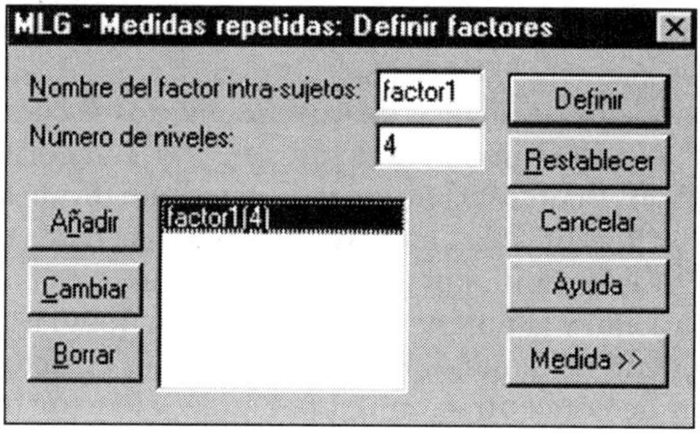

FIGURA 20. *Cuadro de diálogo para el factor intra-sujetos.*

A continuación se hace clic en Definir para determinar los niveles del factor intra-sujetos y para especificar el factor inter-sujetos. En nuestro ejemplo el factor intra-sujetos tiene cuatro niveles y el factor inter-sujetos dos (ver figura 21).

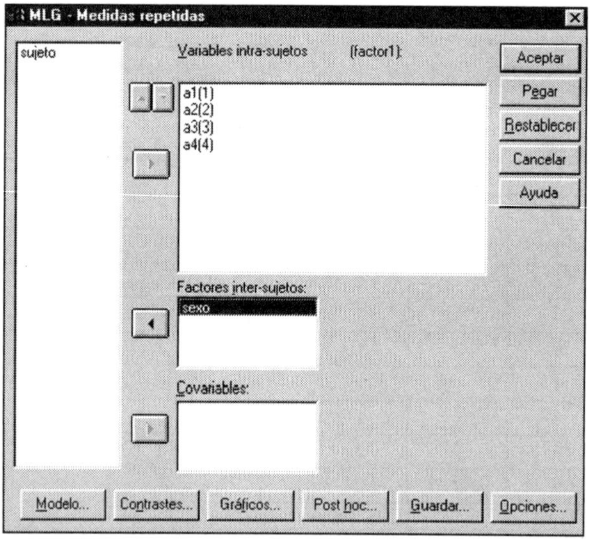

FIGURA 21. *Cuadro de diálogo general para el modelo mixto.*

Como en los restantes modelos, una vez se definen las variables este cuadro de diálogo permite seleccionar diferentes opciones para el análisis. En la opción "*Modelo*" se especifica el tipo de efectos a estudiar. En este caso la opción por defecto es la adecuada ya que el objetivo que se pretende es el estudio del efecto principal de los factores *A* y *B* y de la interacción (ver apartado 3.11.a). En cuanto a la opción "*Contrastes*" en este caso los contrastes polinómicos solamente permiten estudiar las *K*-1 comparaciones de tendencia para el factor intra-sujetos (*B*) ya que el factor inter-sujetos es una variable no cuantitativa. En nuestro ejemplo, tenemos un factor intra-sujetos de cuatro niveles. Por tanto, puede contrastarse la hipótesis sobre la tendencia lineal, cuadrática y cúbica (ver figura 22).

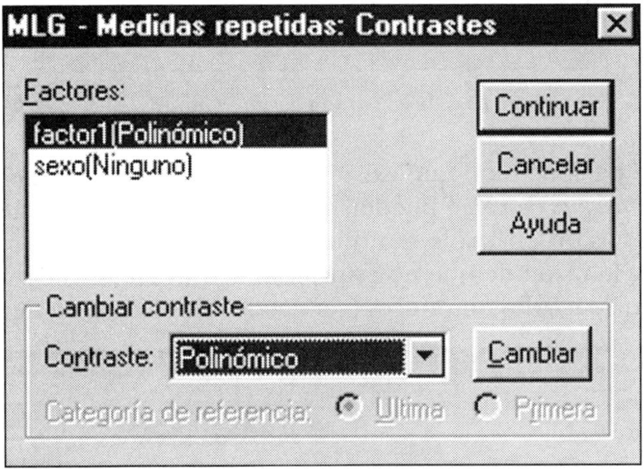

FIGURA 22. *Cuadro de diálogo para la opción 'Contrastes' en el modelo mixto.*

La opción "*Gráficos*" permite comparar las medias marginales en el modelo y los efectos de la interacción. Para especificar un gráfico sobre el efecto de cada factor se selecciona el factor correspondiente, se traslada al 'eje horizontal' y se añade a la lista de gráficos. Para representar gráficamente la interacción, uno de los factores se traslada al eje horizontal y el otro a la opción 'líneas distintas' (ver figura 23).

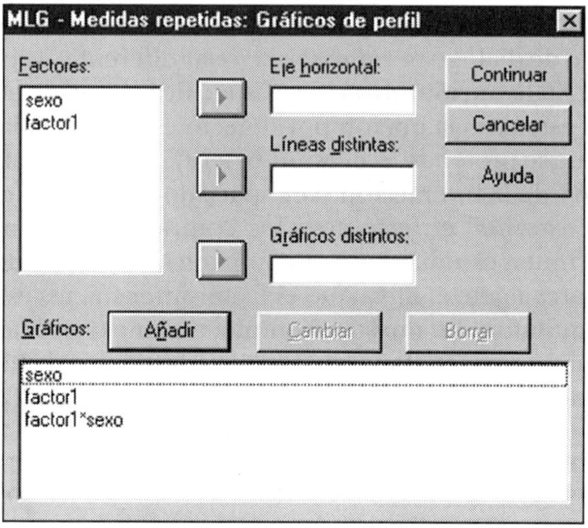

FIGURA 23. *Cuadro de diálogo para la opción 'Gráficos' en el modelo mixto.*

Si se ha concluido que existen diferencias entre las medias, las "*Comparaciones Post Hoc*" pueden determinar qué medias difieren entre sí. Estas pruebas sólo se utilizan para factores inter-sujetos fijos y ésta es la razón de que no estuvieran activas en los modelos revisados en apartados anteriores (ver cuadro de diálogo en figura 24).

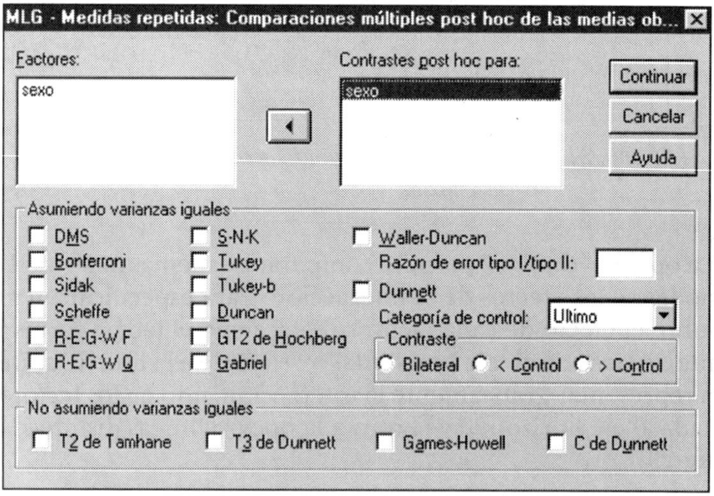

FIGURA 24. *Cuadro de diálogo para la opción 'Comparaciones Post Hoc'.*

Si se cumple el supuesto de varianzas iguales, pueden emplearse diferentes técnicas de comparaciones múltiples. SPSS proporciona comparaciones por pares para DMS, Bonferroni, Sidak, Scheffé y Tukey. Las pruebas de Bonferroni y Sidak, basadas en el estadístico t de Student, corrigen el nivel de significación aunque la última da lugar a límites más estrechos. La prueba de Tukey es la más potente cuando hay muchos pares de medias que comparar y la prueba de Scheffé la más conservadora. Se facilitan subgrupos homogéneos para pruebas de rango para S-N-K, b de Tukey, Duncan, R-E-G-W F, R-E-G-W Q y Waller. La prueba de la diferencia honestamente significativa de Tukey, la GT2 de Hochberg, la prueba de Gabriel y de Scheffé son tanto pruebas de comparaciones múltiples como de rango. La prueba de Dunnett compara un conjunto de tratamientos respecto a una única media de control. En el caso de que no se cumpla el supuesto de varianzas iguales están disponibles las pruebas de comparaciones por pares T2 de Tamhane (prueba conservadora basada en la prueba T), T3 y C de Dunnett (basadas en el módulo máximo studentizado) y Games-Howell (la más liberal).

En nuestro ejemplo, como el factor inter-sujetos tiene sólo dos niveles, las comparaciones múltiples no son necesarias. En cuanto al factor intra-sujetos las comparaciones de pares de medias se especifican desde el menú '*Opciones*', cuyo aspecto para el modelo mixto se muestra en la figura 25.

Desde este cuadro de diálogo se seleccionan los factores para los que se desea obtener las medias marginales estimadas y se activa la opción 'comparar los efectos principales' para que aparezcan las pruebas T de comparación de pares de medias de sus niveles. En nuestro ejemplo puede trasladarse tanto el factor intra-sujetos (factor1) como el inter-sujetos (sexo) al cuadro 'Mostrar medias para'.

Asimismo, este cuadro de diálogo en la opción Mostrar, también permite especificar que se calculen los datos descriptivos, estimaciones del tamaño del efecto, de parámetros, y de matrices de transformación M y de sumas de cuadrados y productos cruzados (*SCPC*). Por último, en la opción Diagnósticos, en este caso todos los elementos disponibles están activos. Aquí es necesario señalar la opción 'pruebas de homogeneidad' para investigar el supuesto de varianzas iguales en las variables (prueba de Box) y en las variables error (prueba de Levene). El α adoptado por defecto es 0.05 pero puede modificarse si se desea.

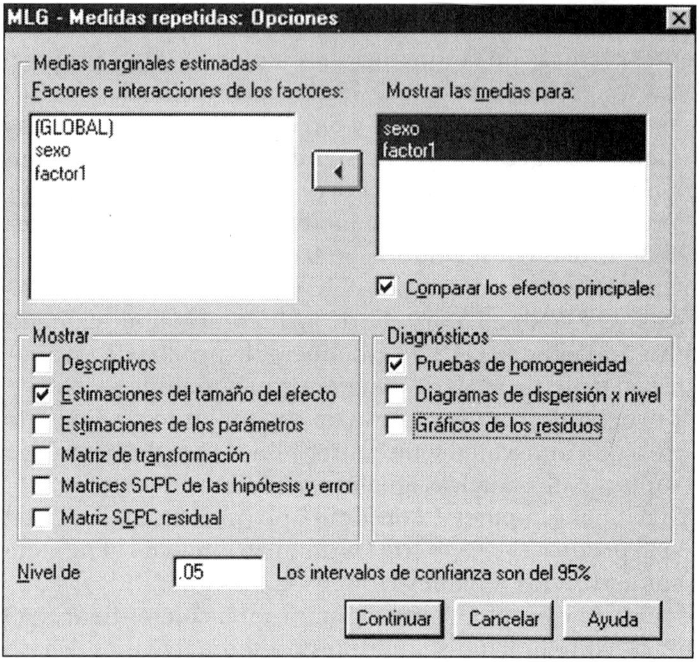

FIGURA 25. *Cuadro de diálogo para la opción 'Opciones' en el modelo mixto.*

Una vez seleccionadas todas las opciones se puede ejecutar el análisis MLG-Medidas repetidas y observar los resultados obtenidos en el navegador de resultados:

En primer lugar aparece un cuadro resumen con la especificación del modelo:

Factores intra-sujetos

	Medida			
	MEASURE_1			
	FACTOR1			
	1	2	3	4
Variable dependiente	A1	A2	A3	A4

Factores inter-sujetos

	SEXO	
	1	2
N	10	10

A continuación aparecen los estadísticos correspondientes a los contrastes multivariados del modelo:

Contrastes multivariados[a]

Efecto		Valor	F	gl de la hipótesis	gl del error	Sig.	Eta cuadrado
FACTOR1	*Traza de Pillai*	0.839	27.8	3.000	16.00	0.000	0.839
	Lambda de Wilks	0.161	27.8	3.000	16.00	0.000	0.839
	Traza de Hotelling	5.205	27.8	3.000	16.00	0.000	0.839
	Raíz mayor de Roy	5.205	27.8	3.000	16.00	0.000	0.839
FACTOR1 * SEXO	*Traza de Pillai*	0.054	0.306	3.000	16.00	0.821	0.054
	Lambda de Wilks	0.946	0.306	3.000	16.00	0.821	0.054
	Traza de Hotelling	0.057	0.306	3.000	16.00	0.821	0.054
	Raíz mayor de Roy	0.057	0.306	3.000	16.00	0.821	0.054

a. Diseño: Intercept+SEXO
Diseño intra sujetos: FACTOR1

Estas pruebas proporcionan un estadístico *F* que representa el cociente entre dos medias cuadráticas. Sólo están disponibles para los factores de medidas repetidas por lo que en este caso sólo operan para el factor *B* y la interacción. Cuando el valor de cada correspondiente *F* es significativo se puede rechazar la hipótesis nula del MANOVA. En este ejemplo los resultados indican que solamente ha resultado significativo el efecto del factor *B* ($p < 0.001$) y no el de la interacción ($p = 0.821$). Como en los modelos revisados en anteriores apartados, estos contrastes son adecuados cuando no se cumple el supuesto de esfericidad, lo cual no ocurre en el ejemplo considerado.

A continuación aparecen los resultados sobre la comprobación de supuestos. Primero la prueba de esfericidad de Mauchly (1940), y a continuación la prueba de Box sobre la igualdad de matrices de covarianza y la prueba de Levene sobre igualdad de varianzas error:

Prueba de esfericidad de Mauchly[a]

Medida: MEASURE_1

		Efecto intra-sujetos
		FACTOR1
W de Mauchly		0.696
Chi-cuadrado aprox.		6.059
gl		5.00
Sig.		0.301
Epsilon	*Greenhouse-Greiser*	0.792
	Huynh-Feldt	0.971
	Límite-inferior	0.333

Contrasta la hipótesis nula de que la matriz de covarianza de error de las variables dependientes transformadas es proporcional a una matriz de identidad.

a. Diseño: Intercept+SEXO
Diseño intra sujetos: FACTOR1

Prueba Box sobre la igualdad de las matrices de covarianza

M de Box	F	gl1	gl2	Sig.
9.988	0.754	10	1549	0.674

Contrasta la hipótesis nula de que las matrices de covarianza observadas de las variables dependientes son iguales en todos los grupos.

Contraste de Levene sobre la igualdad de las varianzas error

	F	gl1	gl2	Sig.
A1	2.042	1	18	0.170
A2	0.012	1	18	0.914
A3	0.190	1	18	0.668
A4	1.481	1	18	0.239

Contrasta la hipótesis nula de que la varianza error de la variable dependiente es igual a lo largo de todos los grupos.

Como se observa las tres hipótesis ofrecen estadísticos no significativos por lo que se mantiene la hipótesis nula en todos los casos (esfericidad e igualdad de varianzas de las variables y de las varianzas error para el factor intra-sujetos).

Lo siguiente que aparece son los principales resultados de las tres hipótesis del ANOVA global organizados en tres tablas separadas:

1. En primer lugar se resumen los efectos principales del factor intra-sujetos (B) y de la interacción AB, con el término error correspondiente, $MC(B \times \text{Suj.})$, los estadísticos de contraste (F_B y F_{AB}), su significación y el tamaño del efecto:

Pruebas de efectos intra-sujetos

Medida: MEASURE_1
Esfericidad asumida

Fuente	Suma de cuadrados tipo III	gl	Media cuadrática	F	Sig.	Eta cuadrado
FACTOR1	99.638	3	33.213	24.18	0.000	0.573
FACTOR1 * SEXO	1.937	3	0.646	0.470	0.704	0.025
Error (FACTOR1)	74.175	54	1.374			

Como se observa, los resultados son congruentes con lo encontrado en los contrastes multivariados. Se rechaza la hipótesis sobre el factor B ($F_A = 24.18$; $p < 0.001$) y se mantiene la de la interacción AB ($F_{AB} = 0.47$; $p = 0.704$).

2. A continuación aparecen los resultados de las comparaciones de tendencia para la hipótesis sobre el factor intra-sujetos y la interacción y sus correspondientes MCE_i.
Como se observa, de las hipótesis consideradas solamente ha resultado significativa la del efecto lineal para el factor B ($F_B = 71.79$; $p < 0.001$ y $\eta^2_{(B)} = 0.80$). Por tanto, puede concluirse que el factor intra-sujetos ejerce un efecto de tipo lineal sobre la variable dependiente. Es decir, la respuesta afectiva hacia el perfume mejora a medida que su grado de concentración es mayor.

Pruebas de contrastes intra-sujetos

Medida: MEASURE_1

Fuente	Variable transformada	SC	gl	MC	F	Sig.	Eta cuadrado
FACTOR1	FACTOR1_1	97.023	1	97.02	71.79	0.000	0.800
	FACTOR1_2	1.512	1	1.512	1.502	0.236	0.077
	FACTOR1_3	1.102	1	1.102	0.626	0.439	0.034
FACTOR1 * SEXO	FACTOR1_1	0.902	1	0.902	0.668	0.424	0.036
	FACTOR1_2	0.613	1	0.613	0.608	0.446	0.033
	FACTOR1_3	0.422	1	0.422	0.240	0.630	0.013
Error (FACTOR1)	FACTOR1_1	24.325	18	1.351			
	FACTOR1_2	18.125	18	1.007			
	FACTOR1_3	31.725	18	1.763			

3. Finalmente aparecen los resultados de la hipótesis sobre los efectos debidos a la variabilidad total (T), el factor inter-sujetos (A) y los sujetos (P_i):

Pruebas de los efectos inter-sujetos

Medida: MEASURE_1
Variable transformada: Promedio

Fuente	Suma de cuadrados tipo III	gl	Media cuadrática	F	Sig.	Eta cuadrado
Intercept	1015.313	1	1015.313	2249.308	0.000	0.992
SEXO	7.813	1	7.813	17.308	0.001	0.490
Error	8.125	18	0.451			

Los resultados indican que se rechaza la hipótesis sobre el factor A ($F_A = 17.308$; $p < 0.001$) por lo que el factor inter-sujetos ejerce un efecto significativo sobre la variable dependiente.

Tal y como se ha especificado en el cuadro de diálogo 'Opciones', lo siguiente que aparece es la estimación de las medias marginales para los niveles de cada factor y la comparación entre pares de medias mediante la prueba *T* y la corrección Bonferroni:

Factor Inter-sujetos:

Estimaciones

Medida: MEASURE_1

SEXO	Media	Error típ.
1: Varón	3.25	0.106
2: Mujer	3.88	0.106

Comparaciones por pares

Medida: MEASURE_1

(I) SEXO	(J) SEXO	Diferencia entre medias (I-J)	Error típ.	Sig.	Intervalo de confianza al 95%	
					Límite inferior	Límite superior
1	2	-0.63*	0.150	0.001	-0.941	-0.309
2	1	0.63*	0.150	0.001	0.309	0.941

* La diferencia de las medias es significativa al nivel 0.05.

Contrastes univariados

Medida: MEASURE_1

Fuente	Suma de cuadrados	gl	Media cuadrática	F	Sig.	Eta cuadrado
Contraste	1.953	1	1.953	17.308	0.001	0.490
Error	2.031	18	0.113			

Cada prueba F contrasta el efecto de SEXO en cada combinación de niveles del resto de los efectos. Estos contrastes se basan en las comparaciones por pares, linealmente independientes, entre las medias marginales estimadas.

Como se observa en los resultados, para el factor inter-sujetos (donde $J = 2$) las diferencias entre varones y mujeres son significativas al cinco por 100. Además de la prueba T para este factor también aparece el contraste sobre cada una de las J- 1 comparaciones por pares de medias en formato ANOVA univariado. En nuestro ejemplo sólo hay una posible comparación, la cual ha resultado significativa ($F = 17.308$; $p = 0.001$). En cuanto al factor intra-sujetos los resultados encontrados han sido los siguientes:

Factor Intra-sujetos: *Estimaciones*

Medida: MEASURE_1

FACTOR1	Media	Error típ.
1	2.00	0.203
2	3.05	0.186
3	4.35	0.261
4	4.85	0.291

Comparaciones por pares

Medida: MEASURE_1

(I) FACTOR1	(J) FACTOR1	Dif. entre medias (I-J)	Error típ.	Sig.	Intervalo de confianza al 95% Límite inferior	Límite superior
1	2	-1.05*	0.320	0.004	-1.723	-0.377
	3	-2.35*	0.310	0.000	-3.000	-1.700
	4	-2.85*	0.415	0.000	-3.723	-1.977
2	3	-1.30*	0.373	0.003	-2.083	-0.517
	4	-1.80*	0.322	0.000	-2.477	-1.123
	1	1.05*	0.320	0.004	0.377	-1.723
3	2	1.30*	0.373	0.003	0.517	2.083
	4	-0.50*	0.459	0.290	-1.464	0.464
	1	2.35*	0.310	0.000	1.700	3.000
4	2	1.80*	0.322	0.000	1.123	2.477
	3	0.50*	0.459	0.290	-0.464	1.464
	1	2.85*	0.415	0.000	1.977	3.723

Basadas en las medias marginales estimadas.

* La diferencia de las medias es significativa al nivel 0.05.

Como se observa, las diferencias entre pares de medias en el factor intra-sujetos son significativas al cinco por 100 en todos los grupos salvo en el 3 y el 4 ($p = 0.29$).

En conclusión, tanto el factor inter-sujetos como el intra-sujetos ejercen un efecto significativo sobre la variable dependiente; ocurriendo que la respuesta afectiva hacia el perfume es más positiva en el grupo de mujeres y cuando el perfume tiene mayor concentración. Sin embargo, no puede afirmarse que la interacción entre ambos factores afecte a la respuesta afectiva, luego los factores considerados ejercen efectos separados sobre la misma.

Por último aparecen los gráficos de perfil especificados (uno para cada factor por separado y otro sobre la interacción). Los gráficos reflejan la tendencia lineal de la relación entre el factor intra-sujetos y la variable dependiente y la ausencia de interacción entre los factores inter e intra-sujetos.

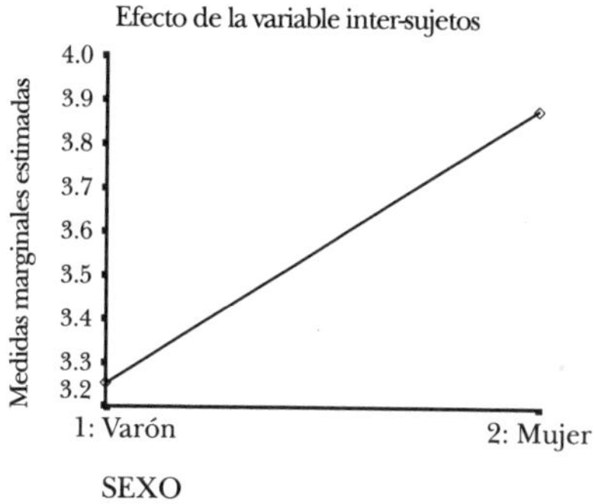

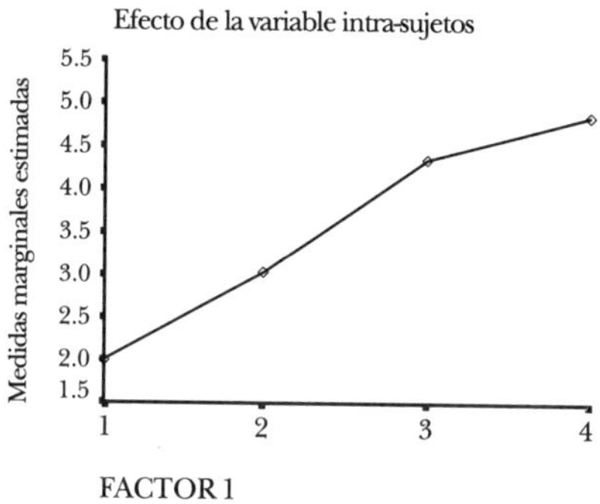

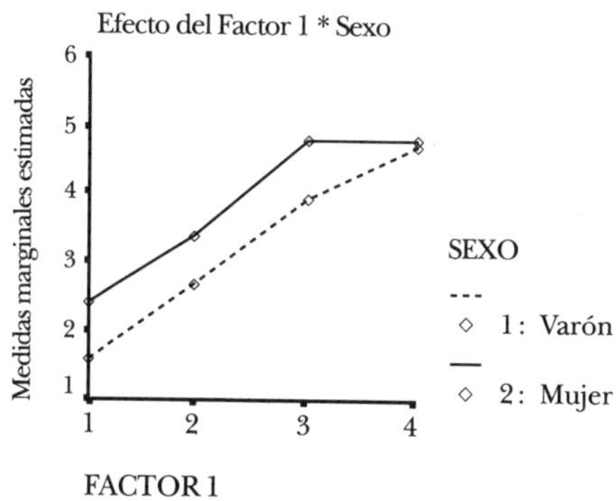

BIBLIOGRAFÍA

AMÓN, J. (1996): *Estadística para psicólogos II* (9ª ed.), Pirámide, Madrid.

ARDANUY, R. y TEJEDOR, F. J. (en prensa): *Tablas Estadísticas.* Cuadernos de Estadística. Editorial La Muralla y Hespérides, Madrid-Salamanca.

ARNAU, J. (1990a): *Diseños experimentales en psicología y educación.* Vol. 1 (2ª ed.), Limusa, México.

ARNAU, J. (1995): *Diseños longitudinales aplicados a las ciencias sociales y del comportamiento,* Limusa, México.

BARCIKOWSKI, R. S. y ROBEY, R. R. (1983): «Decisions in single group repeated measures analysis: Statistical tests and three computer packages», *American Statistician,* 38, 148-150.

BOCK, R. D. (1975): *Multivariate statistical methods in behavioral research,* McGraw Hill, New York.

BOIK, R. J. (1981): «A priori tests in repeated measures design: Effects of nonsphericity», *Psychometrika,* 46, 241-255.

BOX, G. E. P. (1954): «Some theorems on quadratic forms applied in the study of analysis of variance problems: II. Effects of inequality of variance and of correlation between errors in the two-way classification», *Annals of Mathematical Statistics,* 25, 484-498.

BRAY, J. H. y MAXWELL, S. E. (1985): *Multivariate analysis of variance,* CA: Sage, Berverly Hills.

BROWN, M. B. y FORSYTHE, A. B. (1974): «The small sample behavior of some statistics which test the equality of several means», *Technometrics,* 16, 129-132.

COHEN, M. y RIEL, M. (1989): «The effect of distant audiences on students' writing», *American Educational Research Journal,* 26, 143-159.

COLE, D. A., VANDERCOK, T. y RYNDERS, J. (1988): «Comparison of two peer interaction programs: Children with and without severe disabilities», *American Educational Research Journal,* 25, 415-439.

COLLIER, R. O., BAKER, F. B., MANDEVILLE, G. K. y HAYES, T. F. (1967): «Estimates of test size for several test procedures based on conventional variance ratios in the repeated measures design», *Psychometrika,* 32, 339-352.

CROWDER, M. J. Y HAND, D. J. (1990): *Analysis of repeated measures,* Chapman and Hall, New York.

DAVIDSON, H. L. (1972): «Univariate versus multivariate test in repeated measures experiments», *Psychological Bulletin,* 77, 446-452.

GIRDEN, E. R. (1992): *ANOVA: repeated measures.* Sage University Paper Series on Quantitative Applications in the Social Sciences, 07-084. CA: Sage, Newbury Park.

GREENHOUSE, S. W. y GEISSER, S. (1959): «On methods in the analysis of profile data», *Psychometrika*, 24, 95-112.

HAND D. J. y TAYLOR, C. C. (1987): *Multivariate analysis of variance and repeated measures: a practical approach for behavioral scientists.* Chapman and Hall, New York.

HIRST, M. K. (1988): «Intrinsic motivation as influenced by task interdependence and goal setting», *Journal of Applied Psychology*, 73, 96-101.

HOLLAND, B. S. y COPENHAVER, M. D. (1988): «Improved Bonferroni-type multiple testing procedures», *Psychological Bulletin*, 104, 145-149.

HUYNH, H. (1978): «Some approximate tests for repeated measures designs», *Psychometrika*, 43, 161-175.

HUYNH, H. y FELDT, L. S. (1970): «Conditions under which means square ratios in repeated measurements designs have exact F distributions», *Journal of the American Statistical Association*, 65, 1582-1589.

HUYNH, H. y FELDT, L. S. (1976): «Estimation of the Box correction for degrees of freedom from sample data in randomized block and split-plot designs», *Journal of Educational Statistics*, 1, 69-82.

HUYNH, H. y FELDT, L. S. (1980): «Performance of traditional F tests in repeated measures designs under covariance heterogeneity», *Communications in Statistics: Theory and Methods*, A9, 61-74.

HUYNH, H. y MANDEVILLE, G. K. (1979): «Validity conditions in repeated measures designs», *Psychological Bulletin*, 86, 964-973.

JACCARD, J. y ACKERMAN, L. (1985): «Repeated measures analysis of means in clinical research», *Journal of Consulting and Clinical Psychology*, 53, 426-428.

KEPPEL, G. (1982): *Design and analysis. A researcher's handbook*, Prentice Hall.

KESELMAN, H. J. (1982): «Multiple comparisons for repeated measures means», *Multivariate Behavioral Research*, 17, 87-92.

KESELMAN, H. J. y KESELMAN, J. C. (1987): «Repeated measures multiple comparison procedures: effects of violating multisample sphericity in unbalanced designs», *Journal of Educational Statistics*, 13, 215-226.

KESELMAN, H. J., KESELMAN, J. C. y SHAFFER, J. P. (1991): «Multiple pairwise comparisons of repeated measures means under violation of multisample sphericity», *Psychological Bulletin*, 110, 162-170.

KESELMAN, H. J., ROGAN, J. C., MENDOZA, J. L. y BRIEN, L. J. (1980): «Testing the validity conditions of repeated measures F test», *Psychological Bulletin*, 87, 479-481.

KIRK, R. E. (1982): *Experimental design: procedures for the behavioral sciences* (2ª ed.), CA: Brooks/Cole, Monterrey.

LEE, W. (1975): *Experimental design and analysis*, Freeman, San Francisco.

LOONEY, S. W. y STANLEY, W. B. (1989): «Exploratory repeated measures analysis for two or more groups», *American Statistician*, 43, 220-225.

MAUCHLY, J. W. (1940): «Significance test for sphericity of a normal *n*-variate distribution», *Annals of Mathematical Statistics*, 11, 204-209.

MAXWELL, S. E. (1980): «Pairwise multiple comparison in repeated measures designs», *Journal of Educational Statistics*, 5, 269-287.

MAXWELL, S. E. y ARVEY, R. D. (1982): «Small sample profile analysis with many variables», *Psychological Bulletin*, 92, 778-785.

MAXWELL, S. E. y DELANEY, H. D. (1990): *Designing experiments and analysis of data. A model comparison perspective*, CA: Wadsworth Publishing Company, Beltmont.

MCCALL, R. B. y APPLEBAUM, M. I. (1973): «Bias in the analysis of repeated measures designs: some alternative approaches», *Child Development*, 44, 401-415.

MENDOZA, J. L. (1980): «A significance test for multisample sphericity», *Psychometrika*, 45, 495-498.

MENDOZA, J. L., TOOTHAKER, L. E. y CRAIN, B. R. (1976): «Necessary and sufficient conditions for F rations in the L x J x K factorial design with two repeated factors», *Journal of the American Statistical Association*, 71, 992-993.

MULLER, K. E. y BARTON, C. N. (1989): «Approximate power for repeated measures ANOVA lacking sphericity», *Journal of the American Statistical Association*, 84, 549-556.

O'BRIEN, K. G. y KAISER, M. K. (1985): «MANOVA method for analyzing repeated measures designs; an extensive primer», *Psychological Bulletin*, 97, 316-333.

OLSON, C. L. (1976): «On choosing a test statistic in multivariate analysis of variance», *Psychological Bulletin*, 83, 579-586.

PARDO, A. y SAN MARTÍN, R. (1999): *Análisis de datos en Psicología II* (3ª ed.), Pirámide, Madrid.

PASCUAL, J., FRÍAS, D. y GARCÍA, F. (1996): «Diseño de medidas repetidas», en *Manual de psicología experimental: metodología de investigación* (págs. 135-206), Ariel, Barcelona.

PRESS, S. J. (1987): *Analysis of repeated measures experiments with binary outcomes.* Rand Library Collection.

ROGAN, J. C., KESELMAN, H. J. y MENDOZA, J. L. (1979): «Analysis of repeated measurements», *British Journal of Mathematical and Statistical Psychology*, 32, 269-286.

ROUANET, H., y LEPINE, D. (1970): «Comparison between treatments in a repeated measure design: ANOVA and multivariate methods», *British Journal of Mathematical and Statistical Psychology*, 23, 147-163.

SAN MARTÍN, R. y PARDO, A. (1989): *Psicoestadística: Contrastes paramétricos y no paramétricos*, Pirámide, Madrid.

STEVENS, J. (1986): *Applied multivariate statistics for the social sciences*, Lawrence Erlbaum Associates, Hillsdale, NJ.

VALLEJO, G. (1991): *Análisis univariado y multivariado de los diseños de medidas repetidas de una sola muestra y de muestras divididas*, Ediciones PPU, Barcelona. Colección: Avances Metodológicos en Psicología, nº 4.

UNDERWOOD, B. J. y SHAUGHNESSY, J. J. (1978): *Experimentación en psicología*, Omega, Barcelona.

WINER, B. J. (1971): *Statistical principles in experimental design* (2ª ed.), McGraw-Hill, New York.

Cuadernos de Estadística

Dirección: Ramón Ardanuy Albajar
Juan Etxeberria Murgiondo
Gregorio Rodríguez Gómez
Francisco J. Tejedor Tejedor

Títulos publicados:

1. R. Martínez Arias: *El análisis multivariante en la investigación científica.*
2. M. Escobar: *Análisis gráfico/exploratorio.*
3. F. J. Tejedor: *Análisis de varianza.*
4. J. Etxeberria: *Regresión múltiple.*
5. L. Joaristi y L. Lizasoain: *Análisis de correspondencias.*
6. J. M. Batista y G. Coenders: *Modelos de ecuaciones estructurales.*
7. E. García Jiménez, J. Gil Flores, G. Rodríguez Gómez: *Análisis factorial.*
8. M. C. Ximénez y R. San Martín: *Análisis de varianza con medidas repetidas.*